像芭比娃娃一样生活

"80后投资女王"的励志与奉献之路

宿南南 著

SPM
南方出版传媒
广东经济出版社
·广州·

图书在版编目（CIP）数据

像芭比娃娃一样生活 / 宿南南著. —广州:广东经济出版社, 2017.4
ISBN 978-7-5454-5271-6

Ⅰ.①像… Ⅱ.①宿… Ⅲ.①成功心理—通俗读物 Ⅳ.①B848.4-49

中国版本图书馆CIP数据核字（2017）第026185号

出版 发行	广东经济出版社（广州市环市东路水荫路11号11~12楼）
经销	全国新华书店
印刷	北京盛兰兄弟印刷装订有限公司（北京市大兴区黄鹅路西临89号）
开本	880mm×1230mm 1/32
印张	7.75
字数	141 000
版次	2017年4月第1版
印次	2017年4月第1次
书号	ISBN 978-7-5454-5271-6
定价	49.80元

LIFE AS
BARBIE

推荐序1

世界财团洛克菲勒家族掌门人
史蒂文·洛克菲勒二世

Nan is an independent and elegant woman. She has made unswerving efforts along the way, and is brave enough to overcome all difficulties. Meanwhile, she is firmly committed to charitable undertakings. Nan is a great lady worthy of our respect and is also my good friend. When you read this book it will not only make you excited, it is also an inspirational book which can urge people to forge ahead. Nan is a brilliant lady that can make your dreams come true owing to her extraordinary financial savy and experience.

There's no doubt that this book is a great work, therefore, it is worthy of our time to study and learn.

Steven C. Rockefeller Jr.

译文：

南南是一位独立而优雅的女性，在事业上她不懈奋斗拼搏，一路披荆斩棘，勇敢地面对问题、解决问题。同时，她也在不遗余力地助力慈善事业。南南是一位值得我们尊敬的优秀女性，也是我永远的好朋友，她能够凭借渊博的金融学知识帮您铸就梦想。她的作品《像芭比娃娃一样生活》是一本伟大的著作，当您读这本书时，它不仅会让您兴奋，它同时也是一本鼓舞人心、催人奋进的励志书籍，值得我们每一个人花时间去研究和学习。

史蒂文·C·洛克菲勒

LIFE AS BARBIE

推荐序2

深圳东方富海投资管理有限公司董事长
“中国创业投资十佳基金管理人”
“中国金融十大风云人物”
福布斯“中国最佳创业投资人”
陈玮

认识宿南南还是几年前在北京她听我的课，没想到这个漂亮、文静的女生的内心要比外表更精致、强大得多。她是那种典型的可以靠颜值生存的人，但她的梦想与努力都令人肃然起敬！宿南南的新作《像芭比娃娃一样生活》让我们看到她的内心，看到她对生活、工作、友情和爱情的态度。她外表的美有如芭比娃娃般雅致、高冷，内心又像芭比娃娃一样独立、自由。在她美丽的外表下隐藏着一颗善良与智慧的心。

她是凤凰会的创始人和董事长，近年来一直在贵州等地关爱、帮助留守儿童，给孩子们带去希望和爱。她的善良像一粒种子带动了一大批热心公益的善良人，他们又给更多的孩子带来了希望。美丽善良的另一面，是她卓越的专业能力和勤奋努力的工作态度。近两年来她为工作，几乎每两周都会往返于北京和深圳。她做的上市公司退市的并购重组是我们这些做投资的老江湖们都望而兴叹的难活。这不仅需要强大的专业技巧，还需要极强的综合谈判能力及资源整合能力。每次见面，她都把复杂的活，轻松、专业地表达出来，看着她的努力，看着她的进步，看着她一步步走向成功，我真心为她感到骄傲！

芭比娃娃不是美丽的花瓶，她是智慧、独立、勇敢和专业的象征。宿南南的工作、生活追求的就是这样一种体验，她的书就是关于外表美丽、内心善良与专业的体现。读过此书，相信你也会喜欢芭比娃娃的美丽，喜欢宿南南的知性、善良与专业。

像芭比娃娃一样生活

LIFE AS BARBIE

目录

Chapter 01

优雅独立，像芭比娃娃一样生活

Chapter 02

追寻梦想，
不忘初心

Chapter 03

有种改变只有你能创造

Chapter 04

格局有多大，舞台就有多大

Chapter 05

爱是一切能量的源泉

Chapter 06

自由，
最昂贵的财富

像芭比娃娃一样生活

LIFE AS
BARBIE

Chapter 01
优雅独立，像芭比娃娃一样生活

芭比娃娃，让梦想的种子萌芽

我有一个关于芭比娃娃的梦。

小时候我有许多玩具，小熊、芭比娃娃、小火车……但我最喜欢的玩具是芭比娃娃。第一次接触芭比娃娃是我过生日的时候，妈妈送给我一个芭比，她脸蛋儿白净，一头金发垂到腰间，细细长长的棕色眉毛下，镶嵌着一双像蓝星星般的大眼睛，她一直微笑着，像个天使，从此我就爱上了这个漂亮的小精灵。

童年的我常与芭比娃娃相伴，她就像我亲密的朋友一样，我会精心地为她梳妆打扮。我喜欢画画，随着时间的积累，我开始为芭比设计衣服，先为她画裙子、帽子，然后再制作。有时候为了剪裁一件衣服，我会在房间里安静地待一个下午，专注于一针一线，直到完成芭比的衣服。慢慢地我学会为芭比娃娃做时尚款、公主款、仙子款、休闲款的服装，日积月累，我为我的芭比娃娃设计了很多漂亮的不同款式的衣服。

有人说，芭比娃娃的诞生，将女人关于美的追寻与梦想，从 3 岁一直延续到了 80 岁。这句话，我深有同感。

芭比的职业化设计，为我打开了眼界，使我能够提前对长大后的生活进行体验，帮我克服了对成长的恐惧与担忧，并提供给我无限想象的火花，让我了解到女性不必受性别的束缚。芭比娃娃的最迷人之处在于：她不属于孩子，也不依赖于丈夫，她只属于她自己。

后来，我了解了芭比娃娃背后的故事，她的创造者露丝·汉德勒的魅力人生令人折服。原来，在芭比娃娃的背后，是露丝温柔而从容的笑脸，是一种永不服输的乐观、坚持到底的执着，是一个充满了美国式奋斗精神的传奇故事。

芭比娃娃的故事，是一个女孩通过自己的聪明才智赢得了财富与名誉。不过，与很多人自幼向往的童话有所不同的是，露丝身上所散发的耀眼光芒，并不是因为嫁给了王子。

露丝的父母是土生土长的波兰人，为了逃避兵役，他们像那些前赴后继到美国寻梦的移民一样，挤上了一艘又闷又脏的蒸汽船，来到了充满希望的大洋彼岸，在美国科罗拉多州的首府丹佛市扎下了根。

露丝的父亲没读过书，只能靠出卖劳动力养家糊口。生活虽然捉襟见肘，却并没有破坏这个大家庭的温馨氛围。露丝回忆说：“作为家里最小的女儿，在她的成长过程中，并不缺乏关爱。”或许正是因为在充满爱的环境里长大，她才能始终保持一颗童心，设计出美丽又可爱的芭比娃娃。

19 岁那年，还在读大学的露丝，在好奇心的指引下，怀着

一个电影梦，独自一人来到好莱坞学习工业设计。为了赚取生活费，她在大名鼎鼎的影视公司派拉蒙的拍摄片场找到了一份工作，也正是在这里，她认识了一个叫作埃利奥特·汉德勒的年轻男人，并与他一见钟情。不久后，情深意笃的两个人举行了一场简单却非常温馨的婚礼，从此互许终身。

1942 年，在自家的车库里，踌躇满志的露丝和埃利奥特创建了他们的第一家公司，这家公司主要生产木制相框、画框。夫妻两个人各有分工——埃利奥特研制样品，露丝负责销售。虽然公司的生意并不旺盛，但足以糊口。

1956 年，露丝一家的一次瑞士之旅，彻底改变了这家公司的命运。那一年，露丝和丈夫带着女儿芭芭拉、儿子肯到瑞士度假。瑞士的美景令露丝一家陶醉不已，在一座叫作卢塞恩的迷人城市，他们整整待了一星期。那时，她并不知道，这次旅行，在她的人生中具有怎样的意义。

有一天，当露丝和孩子们在卢塞恩的市中心漫步时，她突然看到，一家商店的橱窗里展示着各式各样的玩具娃娃。职业本能驱使她走上前去，认真地观察起这些娃娃。她发现，这些娃娃与她在美国看到的完全不一样，其中，有一种身高差不多有 30 厘米的娃娃最为独特：她金黄色的头发被扎成了一个长长的马尾，看上去既青春又有活力。身上穿着的漂亮衣服，衬托出她凹凸有致的身材。

这个有着曼妙身姿的玩具娃娃叫“莉莉”，她与露丝一直以来所构想的玩具不谋而合。在那个年代，美国市场上的玩具娃娃通常都是可爱的小宝宝形象，圆滚滚、胖乎乎的，就像著名童星秀兰·邓波儿的银幕形象。大人总以为孩子喜欢玩这样的玩具，但露丝却认为，对那些稍大一点的女孩来说，这种玩具已经显得有些幼稚了。

于是，露丝心中萌生了一个想法：生产更成熟的玩具娃娃，让女孩子们有一个能表现她们对美的向往与渴望的玩具。当她在卢塞恩的商店橱窗里看到“莉莉”时，这个问题突然有了一个清晰的答案：这就是她想要的！

激动不已的露丝买下了三个“莉莉”带回美国，她告诉公司的同事们，自己打算以“莉莉”为范本，设计一种更成熟的玩具娃娃。

大家并不看好她的这个创意，在他们看来，“莉莉”的形象过于成熟，并不适合给孩子们玩。他们还告诉露丝：最关键的一点在于，她想要的那种非常精致的、细节特征明显的小型塑料娃娃，是很难生产的。

同事们的反对并没有使露丝灰心，她想：为什么我不能把玩具娃娃的缺点弥补一下呢？我可以给孩子们设计一个成熟的，但是并不暴露的玩具娃娃。

经过不断的琢磨与思考，这个玩具娃娃的形象在露丝的脑

子里越来越具体了。1959 年，在获得了使用“莉莉”肖像的权利后，露丝终于设计出了自己梦想中的娃娃，她以自己的女儿芭芭拉的昵称为这个娃娃命名。这个叫“芭比娃娃”的玩具，由此诞生了。

芭比娃娃是一个成熟的女人形象，虽然身高只有 11.5 英寸，却拥有秀丽的面孔、苗条的身材，她穿着美丽的衣服，就像大街上时常会见到的时髦女郎一样迷人。

1959 年，在美国纽约举行的玩具博览会上，芭比娃娃第一次亮相。在玩具博览会上，这个与众不同的玩具娃娃，吸引了所有人的视线：她梳着高高的马尾辫，拥有完美的身材，漂亮的脸蛋上流露着一丝神秘的微笑，穿着黑白条纹的泳装和露趾凉鞋，戴着太阳镜和耳环。更令人惊讶的是，她还拥有许多漂亮的衣服。

一时间，芭比娃娃风靡了整个美国。各大商场的订单纷至沓来，第一年，露丝就卖出了 35 万个芭比娃娃，为了准时交货，美泰公司不得不夜以继日地开工。第二年，经销商们的订单更是像雪片一样从世界各地飞到了美泰公司，美泰公司因此一跃成为世界上最大的玩具制造商。

露丝曾经在她的自传里说：“我创造芭比娃娃的理想就是，通过这种玩具的诞生，让所有的女孩子都意识到她们能够成为自己梦想中的任何一种人。芭比娃娃代表了女性拥有同男性一样的选择权。”1994 年在接受采访时，露丝还表示：“芭比娃娃已不仅仅只是一种玩具，她已经成为女性消费者生活中的一部分，我为此感到高兴。”

从露丝的故事里，我悟出了很多道理。在我眼里，芭比娃娃不再只是一个时尚偶像，更是一种女性力量。她告诉所有人：女人可以凭借自己的努力创造美好的生活，我可以成为我梦想成为的任何人。

上帝偏爱芭比这样的女人，而在年少的我的心中，一粒梦想的种子已经种下：我要做芭比一样的女人，像芭比娃娃一样优雅、独立地生活。

优雅美丽，
活出气质和高贵

所有的青春都注定会老，所有的热闹也终将过去，然而，却有这样一种女人，她像红酒一样，时间越久，味道越醇，当岁月抹去她表面最后一丝微弱的生涩时，只给她留下深沉的芬芳和香甜。这就是优雅的女人。

优雅，是一种恒久的时尚；优雅，是年龄的赠品。优雅虽然类似于美丽，但美丽是父母的恩赐，优雅却是心境的产物。优雅的气质是一个人性情的自然流露，它不仅仅指一个人的外在美，它更是内在文化素养与外在表象的完美结合。

优雅的女人，她的形象价值百万。形象，并不是简单地指一个人的穿着、长相、发型、化妆，它是一个人综合的素质，一个外表与内在结合、在流动中留下的印象。形象的内容宽广而丰富，它包括你的穿着、言行、举止、修养、生活方式、知识层次、家庭出身、家庭住址、朋友圈，等等。

说到优雅，很多人会最先想到法国的女人。迷蒙的眼神，纤瘦的身材，一口呢喃的法文，超凡的服装品位，恰到好处的

性感，以及在举手投足间散发出来的高贵气质，法国女人的优雅可谓是刻进了骨子里的。

法国女人懂得如何爱自己，不管是否天生丽质，她们都愿意花时间、精力和金钱来好好打扮自己。这样的女人，可能不是最漂亮、最受宠的，但一定是最可爱和最讨人喜欢的。在优雅中渐渐老去应该是女人一生中的崇高境界。

在中国，女人似乎缺乏美丽到老的信心和追求，大多数女人到了中年就开始自我放弃，“都几十岁的人了还打扮成这样不是被人笑话吗”这样的谬论成了社会常态。在中国，女人年过25不再谈青春，年过35不再谈年轻，年过40无论曾经如何花容月貌，也不再谈姿色，中国的女人忘记女人可以永远谈美丽。

我对年老而依旧美丽的女人的认识，大都来自国外。

奥黛丽·赫本就是其中的典型。她是《罗马假日》中淘气的皇室公主Ann，是《蒂凡尼的早餐》中高贵也天真的Holly，也是《窈窕淑女》中聪明的Eliza。

赫本的美丽是世界公认的，她的五官精雕细琢，每个部位都恰到好处，与生俱来的优雅魅力，更是无人能及。她被认为是自然与美的化身。她性情温和，微笑时散发着独特的魅力。时尚杂志《ELLE》将赫本评选为“有史以来最美丽的女人”。有“时装圣经”之称的时装杂志《VOGUE》曾以29%的得票率，将她评为“世界时尚名人”第一名。

摄影师们爱看她那毫不俗艳的美，都喜欢为她拍照，捕捉那“无法比拟的美”。著名导演比利·怀尔德说：“自从嘉宝以来还不曾出现过这样的人物，导演见了会忍不住再三为她大拍特写镜头，拍她那端庄的大眼睛，拍她那甜蜜的笑容，拍她优雅的举止，拍她那炽热的情感。你离开了影院，但她的音容笑貌时时出现在你的眼前，挥之不去，欲忘不能。”

她带给世界的爱与感动并不仅限于自身的美丽。晚年的赫本，为公益事业散发着自己的光和热。她受邀出任联合国儿童基金会慈善大使，为第三世界的妇女与儿童争取权益。因此，她以非美国公民的身份，获得了美国公民的最高荣誉“总统自由勋章”。联合国也在总部为她树立起一座雕像，并命名为“奥黛丽精神”。听闻她的死讯之时，伊丽莎白·泰勒伤感地说，天使回到了天国。因此，她被誉为“天使在人间”。

在法国，年老仍旧风姿绰约的普通女性比比皆是，她们身材苗条，气质高雅，打扮得精致时髦。

卡门·戴尔·奥利菲斯，时尚圈里的不老传奇，高贵冷艳的“冰雪女王”，在她身上使用频率最高的形容词是“无瑕”和“优雅”。83 岁的她成为世界上最年长的模特，那份永久的优雅与持久的美丽令男性仰慕，也让女性艳羡。

卡门·戴尔·奥利菲斯早年从纽约起步，1945 年登上《Vogue》的封面开始了她的艺术生涯，后又与不少殿堂级摄影师合作，六度登上《时尚》杂志封面，十四次担任化妆品广告模特儿，不久前还凭借年老却依然曼妙的身姿登上了美国《纽约》杂志，时至今日依旧是各大时尚品牌与设计师的宠儿。她回答记者提问时说道：“当有人问我是否考虑退休的时候，我跟他们说，你想过放弃阅读吗？当你爱着你所做的事的时候，你充满激情地生活着，你为什么要放弃它呢？”

可见真正的优雅，从来都和年龄无关。优雅是女人的终身使命，身材苗条、气质高雅、心态年轻，这些一样都不能少。生活对女人而言，每一秒都应该享受。

除了这些优雅的女人，芭比的优雅也让我着迷。她不仅是一个美丽的玩偶，更是一位充满智慧、独立上进、勇敢乐观的职业女性。她的设计者赋予了她不同的身份，比如教师、科学家、警察、医生、宇航员、企业家、军人，甚至还有总统候选人、联合国儿童基金会的志愿者，等等。

芭比过着女性最向往的时尚生活：拥有光鲜亮丽的外表，优雅动人的气质，令人陶醉的爱情，还拥有属于自己的事业。

像芭比娃娃一样优雅，是我对自己的期许。“80后”的我回想起大学刚毕业时的青涩，不禁感慨时光如梭，那时候，会喜欢别人夸赞自己的学生气，虽然青春已经远去，但是岁月给了我许多。优雅是需要岁月积淀的，经历一些事情，有了丰富阅历之后的优雅会以一种自然的魅力彰显出来。如今的我不再

青涩，变得成熟、睿智。我喜欢现在独立自强的自己，岁月的沉淀让我更加优雅。

优雅是一种历练，是一种修行。

优雅是一种境界，掌心向尘，良心向佛。

优雅，是女人一生的功课。

修炼优雅，不是一日之功，更不是空头口号。而是需要日复一日，年复一年地积累与沉淀。真正的优雅，来自完全接受自己，认同自己，并用自信的心态去生活。学会做优雅的女人，有梦想、有计划、有价值地活着，在岁月中活出气质和高贵。

独立自主，做自己的女王

戴尔·卡内基曾说过："为了成功地生活，少年人必须学习独立，铲除埋伏各处的障碍，在家庭要教养他，使他具有为人所认可的独立人格。"

做一个独立的人，成为我大学时期的目标。大学是人生的关键阶段，它不是理想的乐园，而是实现自己与社会接轨的中转站。经济独立是迈向独立之路的第一步，有了经济独立这把宝剑，在以后的人生道路上可以更有底气，更加从容，也会有更多机会去体验不同的事物。于是，刚迈入大学校园的我，便开始谋划着迈出独立的第一步——经济独立。

学校里有一条繁华的商业街——"欧洲街"，整条街开设了很多商铺。我喜欢买各种好看的小饰品，买回来我都摆在宿舍用作装饰。看着陈列的各种各样的小饰品，我不禁思考：我这么喜欢这些小饰品，而且现在同龄的女生都爱买，这种既可以为自己带来利润，又符合大众需要的商品，难道不是一个商机吗？

俗话说，思考是走向独立的不二法门，我首先想到了投资的风险。店面的租金、装修、囤货……每个环节都需要一笔资金的投入，怎样才能以最少的投入，用最快的速度把店面运转起来呢？

经过几天的考察，我把目光锁定在了一家服装店。这家店很大，但货品并不多，在我看来偌大的屋子里有这么大的闲置空间有些浪费。于是我找到店老板，希望她把橱窗前的地方分租给我20平方米，我按平方米来支付房租。我告诉她："这样，我不仅可以帮她分担租金，还能为她带来更多的客户流。"接下来我给店老板介绍了我要经营的货品种类，店老板对此产生了浓厚的兴趣。就这样，这笔小生意"谈成了"。我不但用很少的钱就租到了地理位置绝佳的店面，还为我的店面装修节省了一大笔费用，只需添置货架即可。

我把店面的主题定位为"粉色主题店"，我购置了一些粉色的商品，如钥匙扣、毛绒玩具、睡衣等。考虑到去外地进货不仅会花费很多时间，还要承担往返的机票费用，我就在网上订货，这样进货只需要支付邮费就行。到货后我将这些商品全都打上价格标签，以便我去上课时如果有客人光顾，店主也可以帮我销售。

店铺刚开张，我没有想到生意会这么好，很多喜欢粉色饰品的小女生慕名来我的店里买东西，甚至还有一些年纪大的外国教师会买来送给小孙女。我的利润空间为100%，限量款甚至可以赚10倍。

后来，我还请会制作网站的同学帮我设计了一个Hello Kitty页面的个人博客，那个时候博客非常流行，每天我都会写博客，记录开店这段美好的时光，也因此吸引了很多粉丝的关注。

赚取的这第一桶金给了我不少信心，也锻炼了我的社交能力和生存能力。慢慢地，我的思想也日益成熟起来，很多事情可以自己做决定。但我并不满足于现状，这只是我开启独立生活的第一步。大学毕业后，我一直在想应该选择什么行业。可以选择的行业很多，选择什么行业就会与什么圈子的人打交道，娱乐圈会与导演、制片人、明星打交道，医生会与病人打交道，律师会与官司打交道，警察会与罪犯打交道，选择了什么行业就选择了什么样的生活。

居里夫人曾说过：路要靠自己去走，才能越走越宽。

女人可以在自己的精神世界里建立起一个美好的王国，而自己就是这个王国的女王。如今回想起那段不复返的时光，我的心中仍然充满了怀念，也正是从那时开始，我理解了什么是独立，也为自己定下了目标：要做自己的女王，不依附于任何人。要有自己的思想，有自己的事业，有自己的朋友圈。

我一直认为，独立的女人，会散发出一种与众不同的魅力。

那种岁月积淀下来的睿智，那种“我自芬芳”的淡然，那种历经风雨依然不改初心的坚持，是“独立”最好的注脚。

Coco Chanel就是一个很好的独立女性的例子。提到Coco Chanel，大家会想到什么？著名的双C标志，经典的2.55包包？抑或是玛丽莲·梦露酥软诱人嗓音下的那句“睡觉的时候我只穿Chanel No.5”？诚然，现在的Chanel是奢侈华丽的代名词，然而有多少人真正了解这个超级品牌背后的时尚偶像Coco Chanel？

事实上Coco Chanel不仅是一个极具个人魅力的独立女性，还是一个完美逆袭的励志典型。也许很多人并不知道，Coco其实出身贫寒，在孤儿院中长大，做过酒吧歌手、舞台演员甚至是针织店推销员。前半生看起来暗淡无奇的她，却在随后的半个世纪里一手缔造了自己的时尚帝国，令时尚永传。

少女时的Coco虽常在贫困中挣扎，但她有个爱好——读书。她看了当时修道院图书馆中所有能找到的书。在那个认为女人的终极目标就是嫁一个好人的法国，小小的Coco却开始关注人生的价值。

成年后的Coco在城里的一家裁缝店做小裁缝，她看不惯法国女人把乱七八糟的羽毛和烦琐的花边放在帽子上装饰的风气，决定自己设计帽子。后来她遇到了生命中的贵人——Boy Capel，他告诉Coco：不是自己挣来的东西，随时可能被拿走，只有通过奋斗取得的东西才会永远属于自己。于是她从Boy Capel那里贷款，跑到巴黎去开店，开始了自己的创业之路。

对于从未接触过商业的Coco来说，无论是财务报表还是店铺经营，都要重新学起。这个过程虽然很艰辛，但生意逐渐有了起色。当然，也要感谢Boy Capel在这个过程中的帮助。他为了提高店铺人流，帮助Coco在上流社会商业中心的康朋街租下了一个店铺。在这里，Coco的事业迎来了新的篇章。1913年，Coco在上流社会度假胜地多维尔开了第一家女装精品店。她的设计得到罗斯柴尔德男爵夫人的青睐。随后，她的服装开始风靡法国上流社会。

Coco追求自己期许的生活，独立干练却不失女人味，她凭借自己的努力创造了伟大的时尚帝国，其本身就是女性独立的最佳典范。

所以，女人，不一定非要成为女强人，但一定要人格独立、经济独立、精神独立、生活独立。我们要努力把自己活成一棵树，只要有阳光、雨露，就能健康地向上成长。

靠父母，你最多是公主；靠老公，你最多是王妃；靠自己，你就是女王。

拥有强大的气场，成为主角

气场，是一个人的能量场，虽然摸不着，看不到，无形无色，却可以感受到它的存在。

气场，是围绕在女人身体周围的一股气流，优美的姿态就像一个无形的精灵，会紧紧地抓住人们的感官，悄悄地潜入人们的心灵，从而给人留下难以磨灭的印象。

在社交场合，那些气场强大的人总是能成为主角，吸引所有人的目光。

玛格丽特・希尔达・撒切尔是英国第一位女首相，雄踞政坛长达 11 年之久。出现在公众面前的她总是挺胸直背，步履轻盈，步伐坚定，看起来神采奕奕，因此被世界政坛誉为“铁娘子”。

贝拉克・侯赛因・奥巴马，难得的魅力型领袖。只要他一出现，无论在哪儿，都会成为万众瞩目的焦点。一个面对错综复杂的政治局面，伸张正义并付诸行动的人，他走到哪儿都是主角。

皮克·菲尔，美国著名的心灵励志大师，人们亲切地称他为“菲尔博士”。他主持推广的气场训练，让全世界1600万人改变了命运。在他看来，强大的气场是一个人的存在感和吸引力，是他身上无与伦比的光环。他曾在哈佛大学等众多世界著名学府发表演讲，并开设了很多气场训练中心，帮助人们形成强大的气场，做自己的主角。

菲尔博士告诉我们，气场是围绕在人体周围的巨大磁场，它吸收了你成长中所有的得失，包括你的性格、学识、教养、专业、品位、成长环境等。这些物质经过各种方式的变化和组合，形成一种独特的能量。这种能量以各种形态附着于你，形成了你独特的存在形式。

据菲尔博士分析：“一个人的信念、能量是可以改变气场的。”平庸的人之所以平庸，是因为没有“像渴望空气一样渴望成功”的激情，增强自己的主角意识，提升自己的意志力。你应该拥有自己强大的气场，你应该拥有王者心态，你应该拥有无限的人格魅力，让自己成为主角。

那么，如何修炼成一个气场强大的人呢?

气场强大是一种综合的表现形式，就像武林高手武功修炼到一定地步，双眼炯炯有神，步态轻盈灵动，对于外界的一切变化都有敏锐的触觉和恰当机敏的反应。

气场强大的人必然有着丰富的人生阅历，在获得财富、权力和地位的过程中，在某种程度上突破了心灵的限制，消除了内心的各种恐惧。

气场强大的人必然有坚定的信念和一定的思想高度，他们不会受到外界环境的影响，能将很多志同道合的人聚集在一起，形成正能量的磁场，并向更多的人去传播这种正能量。

气场强大的人不需要金钱、权力、地位来支撑，即使剥夺了这些外物，他也坚信自己仍然能够白手起家获得这些外在资源。

气场并非只是外表，更是一种内在的表现。以适度的自信，霸而不傲的状态存在。

电影《公主日记》里有这样一句话：“要想成为公主，你得相信自己就是一个公主。你应该像你想象中的公主那般为人处世。高瞻远瞩，从容不迫，笑对人生。”

每个女人心里都有过一个公主梦，那个公主，端庄典雅，甜美可人。《公主日记》演绎了真人版的童话，诠释了女人的“公主梦”，也告诉普天之下的平凡女子：当你意识到自我的存在，当你渴望找寻那种存在感，由衷地想要提升自身的气场，并愿意为之努力让自己变得更好，你完全可以变身为一位气场不凡的女性。

就像拿破仑相信胜利取决于实力一样，你也要相信你的气场将使你实力大增，而且这种实力会融入你的每一个动作之中。

你的举手投足、为人处世之中都蕴含着巨大的能量，这些能量反映着你的人生观、修养和自信心。反过来它们也会充盈你，会使你气质饱满，并最终形成你的气场。

热播剧《欢乐颂》中，刘涛扮演的安迪为海归，名校毕业，气场无敌，打扮帅气十足。职场中的她形象干练，雷厉风行，思维清晰，有一种霸道总裁的即视感。生活中的她聪明睿智，气质出众，爱好广泛。安迪的优秀与智商有关，智商能让她跳级，先人一步，但最终的成功一定是来源于她的努力奋斗。作为《欢乐颂》的主角，无论是霸道女总裁还是时髦御姐，无论是投入工作时还是约会谈情中，安迪举手投足间都有一种强大的气场，这种气场使她实力越来越强，成为众人眼中倾慕的商业精英，无数人都立志要做安迪这样的成功女性。

曾经，我站在演讲台上，在数万听众的注目下，我控制住全场，吸引了所有人的目光，并让他们信服于我，我的演讲给他们很多启发，我就是这个舞台的主角。我想，这就是一种气场，一种震慑力，而它来自我丰富的人生阅历和内心的勇敢自信。

芭比娃娃永远是自己故事中的主角。任何一个身份，她都会以自身强大的气场去影响所有人，把自身的正能量传递给更多的人。气场，就是这种感觉。我的舞台，我就是主角。

修习强大气场，缔造非凡影响力。

人生舞台上，我们要成为自己的主角。

精致典雅，
时刻与众不同

美国著名歌星曾说：女人从出生到18岁，需要好的家庭与回忆；18到35岁，需要好的容颜与身体；35到55岁，需要好的个性；55岁以后，需要好的时光。

这就是精致女子的舒适生活。

精致并不意味着奢侈，精致是一种心态。一个人的穿着，最能看出这个人对生活的态度。精致的人一定是爱生活的，爱到了极致，才肯花时间修饰自己。不一定浓妆艳抹，但一定光彩照人。有句话每个女人都很熟悉："世界上没有丑女人，只有懒女人。"美丽和时尚从不远离女人，无论多少岁，我们都要保持优雅的身形，穿着得体，适当装扮，不仅为了自己，更是尊重他人的一种表现。

懂得爱护自己的女人一定懂得打扮自己。因此，从头发的样式、护肤品的选用、首饰的搭配到鞋子的颜色，我都会精心地去挑选。

皮肤是一件永不褪色的时装。有的女性朋友会说："无论你

再怎么保养，也不可能回到20岁。”这话是不对的，保养虽然不能让我们永远20岁，但保养是一种心态，是一种年轻的生活态度。 著名化妆师李东田曾说过：“女人要像经营婚姻一样经营自己的容颜。”

工作再忙我也会抽时间好好保养自己，为自己的皮肤投资。我会仔细研究自己的肤质，找到最适合自己的护理用品，休息时间即使不化妆也会做好皮肤的清洁与保养。我对待自己的皮肤就像对待自己的事业一样，严谨认真。在我看来，无论选择

哪一种生活方式，都要懂得如何保养自己，让自己像花朵一样绽放。

生活中，每一件物品的购置、摆放，我都会花很多心思。为了优雅地品味每一餐美味，我会精心地去挑选餐盘、碗筷、西餐刀叉、搅拌勺、汤勺……小小的物件，传达了我对于生活的热爱。餐盘承载了食物本身的自然，精美细腻的浮雕餐盘，任何食物摆放上去都能被烘托得如艺术品一般精致。忙碌了一天回到家中，将可口的美食摆放在精美的餐盘之中，不仅是一种视觉的享受，也是对精致生活的一种追求。

我拥有一个和芭比一样的衣橱，里面陈列了各种当今流行的单品，每一件衣服都是我的最爱。我将它们摆放整齐，按春夏秋冬进行分类，容易起皱褶的衣服我会熨烫好再挂进衣橱，避免出门时的手忙脚乱。出席不同类型的活动时，我会根据场合来挑选合适、得体的服装搭配。

精致的女人会拥有自己的爱好，这是生活的乐趣所在。美国著名影星伊丽莎白·泰勒一生酷爱珠宝，她收藏了近 300 件珠宝珍品，她的珠宝收藏是世界公认的迄今最绝美无价的私人珍藏之一。伊丽莎白·泰勒一直被看作是美国电影史上最具有好莱坞色彩的人物，有“好莱坞常青树”和“世界头号美人”之称，尤其以一双漂亮的蓝紫色眼睛闻名于世。在她 60 多年的演艺生涯中，最让人惊艳的莫过于《埃及艳后》。她有一种精致美丽、含蓄典雅的即视感，女人味十足。

她留下了很多经典作品，只要在她心中是富有美感的作品，都被冠上了属于“伊丽莎白·泰勒”名字的意义。泰勒曾说过，她一出生第一眼看到的就是母亲手上的婚戒，从来到世上的那一刻起，就注定了这位世界级美女一生对珠宝的迷恋到了狂热的程度。然而，那不是她的最美之处，晚年的泰勒投身于公益事业，她说：“我从危难中存活，是上帝恩赐我的奇迹，我必须把上帝赐给我的爱，分享给更多人。”可能只有她，才称得上真正的绝代佳人。

爱你的精致美艳。更觉温暖的是，当美貌消失之后，依然拥有那样优雅的情怀。

任何奢华与美丽都是上帝的馈赠。有人会说，西方文化的引入，会让中国的传统文化迷失和衰落，实则不然，中西文化在展示精致典雅时是相通的。在我看来，与众不同的艺术美学超越了任何国界、宗教，是这个世界上最极致的文化。

中国传统文化拥有着与众不同的温婉简约，香道、听琴，品味人生，感念苍生。2009 年我创办了凤凰会，这个名字是佛涛先生为我起的，我又赋予了它中国传统文化的意义：凤为雄，凰为雌，凤在歌鸣，凰在和弦，阴阳之结合，凤凰五色传承中华文化德、智、礼、义、信之五常伦理。我最喜欢的是《凤求凰》：“有一美人兮，见之不忘。一日不见兮，思之如狂。凤飞

鳳凰會

翱翔兮，四海求凰。”

在众多品类的艺术品中我最爱紫砂壶，全世界唯有宜兴这一个地方产紫砂，紫砂陶质地古朴淳厚，不媚不俗，与文人气质十分相似。紫砂壶集诗词、书画、文学、篆刻、金石艺术于一体，紫砂壶的起源可以一直上溯到2400年前春秋时期的越国大夫范蠡，就是那位功成身退与西施一起退隐江湖的“陶朱公”。我们办的紫砂艺术展，有紫砂泰斗顾景舟的名家之作，也有当代紫砂国家级大师和各级工艺师之作。以壶会友，我也会把喜欢的诗词刻在壶上。

“国不可一日无君，君不可一日无茶。”茶会也是我喜爱的文化活动之一。茶道，品尝茶的美感之道。一种烹茶饮茶的生活艺术，一种以茶修身的生活方式。

闲暇之余，我会享受一个人的下午茶，读报看书，泡上一杯绿茶，听听音乐，享受一下小资的情调，也让自己的心有一段栖息的时光。陶冶性情，滋润心灵，便可“精”出漂亮，“致”出精神，于潜移默化中彰显出生活品位。

通过文化雅集的活动广结善缘，约上老朋友结识新朋友，欣赏日本皇室御用的手工银壶、南部铁器的铁壶，台湾竹雕大师的茶则，喝茶的器皿之首宋代的建盏，美物极多，赏心悦目。

这些艺术爱好能使人保持宁静平和的心态、积累丰富的知识、获取前人智慧，对工作进行全新的定义，认准属于自己的方向，丰富自己的内涵，不断提升修为。

精致，是一种博雅的情怀和品味，是凭借环境的熏陶、严格的家教、学问的积累等形成的，是无形的、内在的、自然的。

想要无可取代，就必须精致典雅，让自己时刻与众不同。

最美的事情，就是做自己

生活，就是按自己的方式生动地活着。人的一生中，无论谁都没法取代自己，坚定地做自己就是人生最美的事情。

你的人生是否有意义，衡量的标准不是外在的成功，而在你对人生意义的独特领悟和坚守，以及由此散放出的独特个性。

挪威大剧作家亨利克·约翰·易卜生有句名言：“人的第一天职是什么？答案很简单：做自己。”是的，做人首先就要做自己，认清自己，把握自己的命运，实现人生价值。只有这样，才能真正算是自己的主人。

种子靠自己的力量破土萌发，生长于悬崖峭壁之间；蝴蝶靠自己的力量冲出蛹壳，展翅于百花之中；强者靠自己的力量开拓未来，矗立于成功之巅——我们要做自己的主人。

一个人倘若没有梦想，就如同蝴蝶没有翅膀。在我的人生中，我不断地给自己设立目标，然后将它们一一实现。因为我坚信，选择自己喜欢的职业或者爱好，然后全力以赴，把它们做到极致，就没有不成功的。因此，要想活出自我，就必须选择自己所热爱的目标和理想。你热爱的一切事物，会更大程度地激发你的热情，挖掘你自身的潜能，让你更快地进步并且走向成功。

做自己，人生才会变得更加美好。除了追寻自己所爱，还要学会聆听内心的声音，保留独立的自主意识，认真走好人生的每一寸钢索，将命运掌握在自己手中。

彼得·巴菲特，身为“股神”沃伦·巴菲特的小儿子，尽管他的父亲是这个时代最伟大的投资家，但他并没有利用父亲的名声投身华尔街，进入父亲呼风唤雨的金融界。6 岁时他开始学钢琴，在奇妙的音乐中，彼得听到了自己的未来。19 岁时他做出决定，要听从内心的声音，做一名音乐家。

在他看来，父亲的财富再多、名望再高都与他无关。他租住在旧金山的小公寓里，开二手汽车，借钱办巡演，唯一的奢侈品就是录音设备。追梦的道路上，彼得虽历经波折，却始终如一，坚持信念，陶醉于自己的世界里，最终靠自己的努力，拥有了专业级别的音乐工作室，成为知名的音乐人，并赢得美国电视界的最高奖项“艾美奖”。

彼得让所有人心悦诚服地这样称赞：“我很惊讶你竟然没有子承父业，但我更惊讶的是，你居然成了音乐界的‘沃伦·巴菲特’。”后来，他把自己的经历写成了一本书，名字就叫《做你自己》。

Life is what you make it.

在现代社会繁杂纷乱的环境中，太多的因素会扰乱我们，金钱、地位、权势……很多人的生活里充斥着太多的物质追求，太多的顾虑，太多的“身不由己”，这些让心灵疲惫不堪，渐渐地也就失去了人生的方向。

也有一部分人把“人云亦云，随波逐流”作为生活的指南，他们总是忙着取悦别人，为别人的期望生活，模仿别人，迎合别人，而忘记掌控自己的生活，忘记了自己到底喜欢什么，到底想要什么。最终，他们渐渐在追逐别人脚步的时候迷失了自己。

请记住，你拥有属于自己的人生，这是一项权利，它是属于你的，你必须为自己而活。多认识自己，才能知道自己的内心真正需要的是什么。当你遵循自己的内心，不让外界的干扰打乱你的节奏，当你如水般平静又汹涌，温柔又坚不可摧时，活出自己的风采，你就是最大的赢家。

陶渊明不为五斗米折腰，甘为五柳先生逍遥于山水之间。一箪食，一壶浆，五柳门前植，柴扉掩低屋。生在逐名追利、奢侈浮华的东晋，却有颗如庄周般清灵透澈的心灵，弱水三千，只取一瓢饮。

“结庐在人境，而无车马喧”，在那个污浊黑暗、纷纷扰扰的社会，他能找到心中的那块净土，从容应对外界的诱惑。他

没有加入逐利的大军中，而是孤独地守护在心灵净土旁，做自己，过自己的生活。

站在山屋东篱之前，举杯自饮；观林海雾起，听山间鸟鸣；穿越时空，带月荷锄归。这种回归于自然的生活是陶渊明毕生的追求。做自己，让陶渊明活得更精彩。试想，倘若陶渊明委曲求全，继续他枯燥乏味的为官生活，又怎会有《归去来兮辞》的千古绝唱？

因此，人的最大觉醒是：你看清了自己，并且笃定地做自己。回到自身，回到生命的原点。保持一份从容淡定，找到并守望自己，细致地去过自己想要的生活。

能掌握自己命运的人，才能称得上是自己的主人。他们有自己的思考，有自己的辨别能力，在一些事物面前，分得清轻重缓急。这种人，往往拥有一种奋起自强的精神，无所顾忌地走自己的路。

古希腊晚期和古罗马早期的斯多葛学派的人生哲学已被遗忘很久了，我们不妨重温一下。古罗马的一个斯多葛主义者马可·奥勒留在其《沉思录》中写道："不要分散你的注意力，不要过于焦虑不安，而要成为你自己的主人，并且像一个有人性的人，像一个凡人那样面对生活。"斯多葛学派认为，人的幸福并不取决于从外部世界降临到人身上的东西，而是取决于人格的内在价值和灵魂的内在完美。这一哲学古训，不正是我们面对人生时应具备的基本信念吗？

如果把人生比喻成一个调色盘，在每个人的调色盘里，都会有不同的颜色。做自己，就是跟随内心，调配出你想要的色彩；做自己，就是相信自己拥有调配自己人生的权利。

你唯一可以让自己感到美好，发现生命的意义与快乐的方法，就是聆听自己的心声，忠于自己的思想，探寻自己的道路，并且活出属于自己的生活。

像芭比娃娃一样生活

LIFE AS BARBIE

Chapter 02
追寻梦想，不忘初心

富爸爸的启迪

《富爸爸 穷爸爸》这本书是我的理财启蒙书籍。

经典的书籍永远不会过时，就好像是最简单的理财原理最有效一样。即使我现在已经拥有十几年的投资理财经验，但是每次翻开《富爸爸穷爸爸》都会有新的收获。

《富爸爸 穷爸爸》的作者罗伯特·清崎以亲身经历的财富故事，用“穷爸爸”和“富爸爸”这两种人的形象展现了两种截然不同的金钱观和财富观。富爸爸、穷爸爸都是聪明能干的人，但两人对金钱、财务、职业、事业的看法有很大的不同，最终决定了一个终生为财务问题所困扰，而另一个坐拥巨额财富。

书中的穷爸爸，并不是一个生活窘迫的人，所谓的穷，是思想观念上的一成不变，墨守成规；而富爸爸懂得与时俱进，辨人所不能辨，行别人所不敢行，最终实现财富自由。

当穷爸爸看到天价宝马车，心里给自己暗示：“这么贵的车我怎么可能买得起。”而富爸爸却不能容忍自己说“我没有钱”之类的话，他给自己一个目标：“我怎样才能把这辆车买下来呢？”

穷爸爸认为儿女好好念书以后找份稳定的工作就可以了，跟儿女之间的对话永远是“找到工作了吗？每个月工资多少”而在富爸爸看来，为别人工作从长期来看解决不了财力问题，应该有这样的信念：“不要为钱工作，要让钱为你工作。”

“我们不为钱而工作，而是让钱为我们工作”，这就是我们通常说的富人思维。这也是穷人越穷，富人越富的原因。

在同样的条件下，穷人会不停地工作赚钱，然后全部花掉，接着为赚钱又去工作，如此反复，其实就是一个恶性循环。富人刚开始也会努力工作，但是在钱不多的时候，富人懂得节俭，然后用节省下来的钱去赚钱，去投资，从而产生滚雪球的效应。

富人总是站在生活金字塔的顶端，普通人位居中层，而穷人的生活情况并不会因为糟糕而得到上天的眷顾，只会每况愈下。在日常生活中，大多数人都喜欢稳稳当当，安于现状，不会试着去寻找新的方向，试着去积累财富并且创造财富。也就是说，生活中多数人的角色相当于书中的“穷爸爸”，只知道一味地把挣下来的钱攒起来或者存入银行，让金钱静止在银行账户里，这种积累财富的方式在罗伯特·清崎看来是非常不明智的。

在这个问题上，罗伯特·清崎先生给我们的忠告是：学会不为钱而工作。不要被自己的贪婪和恐惧所主宰。当有一天你自己不再为了钱而工作的时候，便能充分发挥自己的潜能，做自己想做的事情。拥有理财能力就意味着有更多的选择机会。

沃伦·巴菲特曾说过:“一生能够积累多少财富，不取决于你能够赚多少钱，而取决于你如何投资理财，钱找人胜过人找钱，要懂得钱为你工作，而不是你为钱工作。”这句话充分说明了投资理财的重要性。也让我意识到，在这个飞速发展的社会，如果想要投身到证券、基金等金融行业，你必须懂得理财。

生活的品质和金钱有着紧密的关系，财富能带来生活上的安定和满足。独立要强的我在大学时期便开始做人生中的第一只基金，在积累经验的同时，适度地为自己创造财富。

那时身边的同学大多家境宽裕，父母怕委屈了孩子，会给

予充足的生活费。我通过身边的朋友了解到，很多父母都是在刚开学的时候就把整学期的生活费一次性汇给他们。显然，这对于那些不懂得节制、大手大脚的男孩子来说无疑是非常不利的。刚开学的时候他们想买什么就买什么，请客吃饭，过得非常潇洒。没几个月下来，钱包见底，才发现在吃喝玩乐中不知不觉地就把一学期的生活费挥霍殆尽，之后几个月不得不节衣缩食过日子。面对这样的情况，一个念头在我脑海里萌生：整合这类学生资源，帮他们集中理财。

随后我组织大家开会，告诉他们我的想法，他们听完后欣然同意了。

就这样，每次开学时，同学们就会把钱全部交给我来管理。我通过自身积累的理财知识给他们做详细的规划，每个星期都定额给他们发放一笔钱用于生活。我利用大家存在我这里的资金做了一些小生意，一段时间下来收益还不错。这样一来，我不但能保证这些同学整个学期都可以有钱花，而且还会让他们获得额外的收入，可谓一举两得。

在金融里，这叫作基金，这也是我在投资领域的小小试水。

感谢我一直拥有广泛涉猎的好奇心。富爸爸对我的人生启迪，鞭策我在日后不断地学习投资战略、提高财商、增加财务知识、了解市场、学习法律规章，在综合学习与锻炼力中丰富自己的知识和技能，努力做一个充满智慧、快乐而富有的人。

志在华尔街，
拼在金融街

我想要一个丰富多彩的人生，想做一名精英。而有一个行业是精英的代名词，就是投资银行。

于是，我的梦想一下子变得清晰了起来：走进华尔街，成为一名投行精英。

何为投行？曾经听说过一个关于投行的经典故事。菜鸟问：“什么是投行？”前辈拿来一盘烂水果问他：“你打算怎么把这些烂水果卖出去？”菜鸟回答说：“我会按照市场价打折处理掉。”这位前辈摇了摇头，拿起一把水果刀把烂水果去皮，做出了一个漂亮的水果拼盘说：“应该像这样，按照几十倍的价格卖掉。”如何把“烂水果”包装成“漂亮的果盘”，并推出市场，去吸引广大的投资者，这便是投行的核心竞争力。

金融行业，一直以来都是财富梦想的缔造者和实现者，虽然这条路上布满了荆棘和坎坷，但我已“全副武装”，整装待发，将在这个行业创造属于我的“奇迹”。

华尔街是精英们的梦想之地，提起华尔街，在国际金融业可谓无人不知、无人不晓。华尔街是纽约市曼哈顿区南部一条大街的名字，长不超过 1 英里，宽仅 11 米，但它是美国一些主要垄断组织和金融机构的所在地。世界上大部分的精英财团都集中于此，如纳斯达克、美国证券交易所、纽约期货交易所，以及美国摩根财团、洛克菲勒财团和杜邦财团等开设的银行、保险、航运、铁路等公司的总管理处。垄断资本在这里支配着美国的政治、经济，正因为如此，华尔街成了美国和世界的金融、证券交易的中心，在金融世界一直辉煌夺目、经久不衰。

想要成为一个成功的投行精英，就必定要读一些名著，摸索前辈们的大智慧。投资领域的大师和高手留下了无数富有传奇性的财富故事，也留下了许多投资学的经典名著，如《战胜华尔街》《巴菲特之道》《门口的野蛮人》《金融炼金术》《货币金融学》，等等，这些著作是他们一生经验和智慧的结晶，堪称“投资界的宝典”。除了看这些名著，我还大量阅读《华尔街日报》《财富》《商业周刊》等专业财经报刊，关注来自各大网站的最新金融报道，并对这些信息进行仔细研读、消化和吸收。

华尔街拥有魔幻般的巨大威力，它像一架不知疲倦的巨型机器，分秒不停地运转着。一群梦想家在此聚集，在这座“宝殿”里，金融高手们布阵斗法，不知有多少人一夜之间借助这块“宝地”登上了人生的巅峰宝座。巨大的诱惑，巨大的实力，使它无愧于国际金融业神经中枢的地位。

在美国，1% 的富人们掌握着全国 99% 的金钱，华尔街是这些命运宠儿们的天堂。物欲横流的华尔街与金钱画等号，每一寸土地散发着昂贵的古龙水香气，一批批年轻气盛的金融追梦者不顾一切地投身于金钱的滚雪球游戏中。华尔街人的目标不设上限——没有最多，只有更多。

华尔街是精英们的梦想之地，为了投身这个行业，22 岁这一年我每天都学习至深夜一两点，案头上摆放着厚厚的投资报告、私募基金、招股说明书、行业分析、财务报表，等等。积累了一定的专业知识后，我开始执笔写报告、起草合同。

同时我也开设了股票账户，如果不真金白银地投入资金进入股市，就不会每天积极去关注资本市场，关注政府推行的政策动向、关注宏观经济、关注行业形势，而这些都与我账户的盈亏挂钩。自从进入股市后，四面八方的信息都汇集在我的大脑，还好我能在各种诱惑下抑制自己内心的贪婪，并且有自己独立思考的能力，一段时间下来，我的账户盈利还不错。

凡是在股市摸爬滚打过的人，都会对金融市场的大起大落、跌宕起伏深有体会。2007 年，中国股市一路看涨，从 2700 点涨到 6124 点，涨幅名列全球各主要资本市场之首，2007 年 7 月 25 日收盘之后，中国工商银行的市值一举超过花旗集团成为世界上市值最大的银行。

然而，那些为大涨而欢欣雀跃的人，很快就领教了股市的变幻莫测。仅仅一年后，6124点就成了过眼云烟，中国股市从高点直接断崖式崩盘，骤然下降到了2008年9月的2284点，足足跌了63%左右。

一时间，股市遍地哀号。几乎所有的机构投资者和散户，都被套牢在股市里。幸好，我及时清仓，幸免于难。

2008年9月14日，有着158年历史的美国第四大投资银行雷曼兄弟，在美国联准会拒绝提供资金支持援助后，提出了破产申请。几乎在同一时间，美林证券宣布被美国银行收购。这两件事揭开了全球股市大崩盘的序幕，一场令人惊骇的金融海啸由此爆发，并以迅雷不及掩耳之势席卷了全球资本市场。一时间，从华尔街到全世界，从金融界到实体经济，各个国家都面临着严重的经济危机，市场信心崩溃得一发不可收拾，股市也狂泻难止。

这轮金融危机可谓百年一遇，它意味着第二次世界大战以后形成的以华尔街为标志的美式金融梦想的破碎。虽然这并不能说是美式强国梦想的轰然倒塌，但着实给全世界金融市场敲响了警钟。

对刚刚立志要做投行精英的我来说，这次世界金融危机可谓触目惊心。然而，无论如何，既然选择了这条路，就不能轻言放弃。因此，即便是熊市，我也依然坚持每天看财经新闻，并阅读各位金融专家的评论，尽最大努力丰富自己的知识，提高自己的金融敏感性。

不过，那时我的想法也有了一些改变——我决定放弃去华尔街。在我看来，中国的金融街才是一个充满机会的地方。

北京金融街占地1.18平方公里，是北京市第一个大规模整体定向开发的金融产业功能区。数据显示，这个1平方公里左右的金融中心控制着全国90%的信贷资金和65%的保费资金。这里聚集了中国人民银行和中国银监会、中国证监会、中国保监会等金融监管部门及众多国内外大型金融机构和国企总部。这里已发展成为中国的金融决策监管中心、资产管理中心、金融支付结算中心、金融信息中心、金融标准制定中心、金融人才集聚中心。车海人流中，钢筋水泥筑起的高楼大厦和在此扎堆的国内外金融机构，演绎着金融街的故事。

中国是伟大的国家，中国的经济势头越来越好，尽管国际经济形势错综复杂，中国的经济巨轮却一路前行，不断增速换挡。我热爱我的祖国，我的祖国正在崛起，我下定决心回到中国，为中国的蓬勃发展贡献自己的绵薄之力。

钢铁塑成的花朵，为梦想而战

回国后，我发现国内的企业家们都在蠢蠢欲动，很多人都梦想着上市。

于是，我主动到清华大学、北京大学等各大高校学习有关上市、私募基金以及资本市场的知识，还有幸跟随几位在金融业内颇有名望的专家学习，并与他们开展合作。随着我的专业知识体系越来越完善，我开始在学习之余为企业家们授课，给他们普及上市的基本知识，并兼职做一些公司的上市顾问和合伙人。我热爱我所做的工作，因为它让我有机会用自己所学的知识去传道、授业、解惑，也让我在与经验丰富的企业家们的交流中学习到很多专业知识和理念，使自己的知识体系更加完善。

我还与各个省市的总裁班、培训机构以及当地的金融协会、管理服务公司等达成战略合作协议，形成资源共享、专业互补、人员团队互助的合作共赢局面。只要他们的客户有上市、融资需求，就可以引荐给我，我会在利益共享的基础上形成一个合

理的分配模式。同时，我还在北京的金融街，与一些银行、投行专业机构、证券公司、律师事务所还有私募基金公司进行合作、沟通、交流，我相信这个圈子必定会给我带来大量的人脉资源，为我今后的梦想之路铺上一道亮丽的红毯。

很多时候，决定一切的是态度，有了正确的态度，就可以将压力转化为动力，登上成功的舞台。那段时间，我全力以赴，一天做的事几乎相当于别人一个星期做的事。漫漫人生路总是充满了各种挑战，但我从不畏惧。我的生活就这样因忙碌而精彩起来，我也在尽自己所能，努力搭建属于自己的世界。

梦想之花的绽放，需要勇气、恒心和努力去浇灌。天道酬勤，在我的“浇灌”下，大量的项目蜂拥而至，房地产、矿产、农业、乳业、家纺、服装、高科技、医药……遍布各行各业。那时我的主要工作就是从这些项目中筛选出有前景的好项目。

为了筛选出优质的项目，我需要对整个行业进行了解，从整体上进行把控。我继续给自己充电，每天看大量的报告。时间对我来说根本不够用，为了更快地提高自己，我挤压大量的休息时间来进行研究、分析。

除此之外，我还要去做项目调查，这些项目通常都分布在全国各地，我成了一个“空中飞人”。最多的时候，3 天飞了 5 个城市。为了工作，我一直在路上。

拼搏成就梦想，汗水铸造辉煌。

这一年，我 23 岁，刚刚毕业一年，算是个初出茅庐的职场新人。而我所接触的企业，不是行业内的龙头企业，就是省内的知名企业。这些公司的董事长们，通常年龄都在四五十岁左右，成熟稳重。与他们交谈时，我在言语中察觉到他们对我的一丝不信任。因为在他们看来，一个年纪轻轻的小姑娘怎么可能拥有丰富的经验，怎么可能帮助他们上市？

屡屡遭受质疑，让我很是失落。尽管如此，我依然没有气馁，而是勇敢地表现自己的专业能力，用对资本市场的专业知识和敬业的工作态度告诉他们：让人成熟的不是时间，而是经历。渐渐地，他们对我刮目相看，并相信我是可以帮助他们上市的人。

人的行动会受到心理的支配，一个人抱着什么样的心态，就会表现出什么样的精神面貌和行为。如何看待工作，直接决定了我们的工作成果和人生成就。正如世界首富、微软创始人比尔·盖茨所说：“如果只把工作当作一件差事，或者只将目光停留在工作本身，那么即使是从事你最喜欢的工作，你依然无法持久地保持对工作的激情。

但如果把工作当作一项事业来看待，情况就会完全不同。”

《平凡的世界》中所塑造的孙少平就是一个典型的励志人物，他的奋斗历程恰似一曲激越昂扬的生命乐曲。孙少平来自黄土高原一个贫困、落后的小山村，但他从不自甘平庸，利用一切时间学习、读书、参加各种活动，用知识和实践让自己走出生活和精神的苦难。与他相比，我是幸运的。没有经历缺衣少食，受过高等教育，从事着自己热爱的事业……正如父辈们所说，我们是赶上了好时候。所以，我更加没有理由迷茫和懈怠。

热血、激情、梦想，是《海贼王》永恒不变的主题。“草帽”一行人总是活力四射的，他们都有自己的梦想，都有对梦想的不懈追求。可以为梦想而战，是人生一大快事。路飞的草帽，索隆的誓言，香吉士的天堂蓝海，娜美的橘子园，小鹿乔巴的粉色之雪，大家都有自己的信念与牵挂。他们的不懈奋斗，他们的无数次胜利，使他们的人生充实又快乐。

梦想不是抽象的概念，更不是虚无的口号，为梦想拼搏和奋斗是生命永恒的主题。我们每个人都是渺小的存在，如同沧海一粟，繁星一点，但是梦想为我们增添了生命的活力与魅力。只有扬帆起航，乘风破浪，才能抵达梦想的彼岸。

为梦想而战，即便荆棘满布，也终究无愧于人生的价值和意义。

为梦想而战，我一定能成功！

留住你的梦想，你比想象中勇敢

人先得留住梦想，才能去追寻。

成为一名投行精英的梦想，在我的心里扎根，紧接着我需要好好想想如何让它发芽开花。

然而，我的事业并不像我之前想象的那么顺利，经历的项目越多，我越发觉上市难度之大。这个行业的周期很长，成功率极低，证监会停止了IPO（首次公开募股）审批更是让原本困难的工作雪上加霜，再好的企业也只能停滞等待。我不知道什么时候才能做出成功的项目，听说运气差的证券公司的投资经理五年都可能做不成一个项目。

难道因为这些我就要放弃梦想吗？我不甘心，我势必要在资本投资之路上一直走下去，因为投行是为数不多的能够让我保持兴奋状态的工作。我一直不能接受在大企业里拿一份不错的工资，日复一日，年复一年，做着简单重复的工作。在别人看来稳定、舒适的环境对我来说毫无斗志。虽然投行接触的工作也有重复性，但每个项目各不相同，总能学到新东西，接触

到未知的领域。

你想得越多，顾虑就越多；什么都不想的时候反而能一往直前。你害怕得越多，困难就越多；什么都不怕的时候一切反而没那么难。世界就是这样，当你把实现梦想的道路想得异常艰难的时候，梦想会离你越来越远；当你勇敢地去追梦的时候，全世界都会向你伸出援助之手。

我的意志是坚定的，没有任何人能改变我对于梦想的执着。既然传统IPO上市的道路如此漫长，有没有其他的突破口呢？

古人云，做事讲求天时、地利、人和。所以，在解决一个难题时，一方面要靠自己的努力，另一方面还需要善于利用身边的资源。君子善假于物，更善假于势，做大势所趋之事，而不做趋势下行之事。

这个领域的专家胖舟先生是我见过的最聪明的专家之一，他的上辈子一定是犹太人，在金融机构都没生意的那一年，我们俩坐的飞机快要落地北京时，他看着北京的高楼大厦感叹：作为中国的首都和政治文化中心，名校的毕业生很大一部分都会选择在此定居，这种需求决定了北京的房价一定会涨。长安街上的高楼都值几十亿，房地产公司的利润一定十分可观，将它们注入上市公司中市值会相当可观。

上市不只有IPO这条路，还有一条路叫“借壳上市”。曾经的辉煌人物黄光裕先生的国美电器就是借壳京华自动化上市的。

我们研究了这个案例之后，便开始了收购上市公司之路。

为了锁定借壳资源，我做了一份调研整理报告，把中国A股的上市公司，股本小、股价低、负债低，并且主营业务已经持续亏损的上市公司全部锁定。我通过各种渠道寻找到上述上市公司的实际控制人，与之沟通。这些上市公司如果进行优质的资产重组，对于股民来说肯定是再好不过的事情，同时也减轻了政府的负担，对于上市公司本身来说，未来的道路一片光明，企业将发展得更大更强。一路的坚持，很快就有了回报：我们成功地帮助某地产公司实现了借壳上市，也帮助某国有企业成功收购了上市公司。几个案例下来，硕果累累，成就了很多企业家的梦想。

美国前总统威尔逊说过这样一段话："我们因梦想而伟大，所有的成功者都是大梦想家：在冬夜的火堆旁，在阴天的雨雾中，梦想着未来。有些人让梦想悄然绝灭，有些人则悉心培育、维护，直到它安然度过困境，迎来光明和希望，而光明和希望总是降临在那些真心相信梦想一定会成真的人身上。"

有"高原勇气之花"美陈的红景天，也不曾轰轰烈烈，它只是默默无闻地生长在海拔3500米以上的高寒无污染地带，但恶劣的生长环境却赋予它顽强的生命力和特殊的抗氧化力，它用植物的天赋本能，阐述着生命、抉择和勇敢。我们每个人都是一株平凡又坚韧的红景天，也许你不曾在万众瞩目中闪闪发光，但时至今日，你的每一小步都是在用磨砺滋养希望，用勇气点亮梦想。

有了这些成功的案例，我的梦想羽翼更加丰满起来：我要自己创业，未来，我想拥有一家属于自己的上市公司！

可能有奇迹在等待，可能即将来临

生命对于每个人都是平等的，人类的劣势就是年龄渐长，即便是世界首富也无法幸免。我们事业奋斗的黄金期可能只有20年，在创业的路上有的人会走很多很多的弯路，当想回头时时光已错过。一个人的精力是有限的，从事一个行业从开始创业到成为龙头，需要耗费无数的时间和精力，并且经历无数的坎坷和磨难才能成就一个公司。

我们这代人已经没有父辈的创业环境，能在改革开放的浪潮中淘金。创业需要滴水穿石的功夫，很多同龄人选择“互联网+”以及APP等创业项目，殊不知2015年拿到A轮融资的846家O2O创业公司几乎全部倒闭。北京每年新注册成立的近千家创业公司，一年半后还活着的不足20%，创业都如此艰难，上市的梦想就更加遥远。

除了创业公司的倒闭，还有太多的各地知名实体企业因为经济危机、银行抽贷、消费者习惯的转变等因素需要转型时，还来不及扭转就倒闭了。烂尾的楼盘、降价抛售的豪车、鄂尔多斯的鬼城、部分煤矿企业的亏损……看到这些景象我不禁陷入沉思，总结过往经验，努力开辟一条新的道路。

纵观世界五百强企业，基本上都是通过并购完成的。和专家们相比，虽然我的经历依然有些不足，但是我告诉自己，勇敢地去做，终有一天会成功。

创业时我反复地问自己想要什么？

可以设想，在这个世界上，在宇宙的某个地方，存在着“智慧的宝库”，智慧将指引我们找到一条光辉的路，我们会在学习和磨炼中吸取隐藏的智慧，激起我们思想的闪光和创造的灵感。那如何才能打开宝库之门获取智慧呢？除了倾注燃烧般的热情、持续付出真挚的努力之外，别无他法。就是说，要想获得成果，必须在内心种下善念的种子，拼命努力，这样的人，才能获得心灵的火炬，照亮他前进的路，才能从“智慧的宝库”中获得一束光明，助他走向成功。

习近平总书记在庆祝中国共产党成立 95 周年大会上说道：“历史从不等待一切犹豫者，观望者，懈怠者，软弱者。只有与历史同步伐，与时代共命运的人，才能赢得光明的未来。”

经过这么多年的折腾，主板的上市公司壳已经被炒得极高了，从一两个亿到现在几十亿，这是正常的，因为是稀缺的资源。IPO 排队近千家，上市之路遥遥无期，新三板也被炒得挺火，号称美国的纳斯达克。

九鼎的加入让新三板吸引了大家的眼球，大家都开始研究这个市场。对于我和胖舟而言，从玩主板到新三板，起初有种降低身份的感觉，从主流到不入流，但是当仔细地研究这个市场之后，我们发现了一个“宝地”，而这块“宝地”被所有人视为垃圾。这个市场叫“老三板”，这里的公司都是深交所、上交所最早的上市公司，从无比辉煌到今日的无人问津，被人遗忘在角落。背负几十亿的负债退市，几十家金融机构和民间债权资金被套十几年，这个沉重的包袱一直在，历史的遗留问题也无从解决，唯有破产重组才能看到希望。

我组建了一支有战斗力的团队，他们都是社会的精英，有宏观经济的精英、并购重整的精英、实体产业管理的精英、律师、会计师等。

我不是招人而是找人，我没有把自己当作老板，对我来说董事长只是一个称呼。公司是一个平台，每个进来的人都抱着合伙人的心态，CEO的年代已经过去，如果股东和管理执行团队的利益不是共同体，公司就不会有发展，我要让每一个人都是在为自己奋斗。

在我的带领下，我们这个团队开始加班加点地研究《破产法》。《破产法》被认为是市场经济的典型标志，在中国加入

WTO之初，欧盟提出的承认中国市场经济地位的五项条件之中，就有“企业有破产法及财产法可循，保证企业在法律上的确定性和经营上的稳定性”。2004年，欧盟在一份“最初评估报告”中从四个主要方面指出中国经济市场化中存在的问题，第一个方面即为“中国的会计法和破产法等市场经济法律体制还不够健全”。破产法如此重要，以至于2016年9月在杭州召开的G20峰会中，《中美元首杭州会晤中方成果清单》明确“中方高度重视运用重组和破产重整、破产和解、破产清算制度和机制依法解决产能过剩问题。在解决产能过剩问题中，中方将通过继续建立专门的破产审判庭、不断完善破产管理人制度及运用信息化手段等方式推进破产法的实施”。这一承诺是最高人民法院作为中方谈判代表与美方代表经过谈判达成的，说明破产制度的发展与完善已经上升为国家战略和重大的国际问题，这具有里程碑式的重要意义。

新形势下国际国内的经济生态为破产法提供了重要的外生动力。供给侧结构性改革，是党中央在新形势、新常态下转变经济发展方式、调整优化产业结构、推动经济长期可持续发展的重大战略决策。积极推进“僵尸企业”处置，正是推进供给侧结构性改革的具体要求。中央要求在处置“僵尸企业”、化解产能过剩的过程中，要更加注重运用市场机制、经济手段、法治办法。破产制度作为推进供给侧改革、实现市场出清的法治化和市场化的机制，正契合了中央的要求，在此过程中承担了重要的历史使命。最高人民法院为此连续发布相关文件，制定相关政策和措施，包括建立“全国企业破产重整案件信息网”，对在中级人民法院设立清算与破产审判庭提出具体要求等，力图强化破产审判力量，为破产制度服务于国家大政方针和社会经济保驾护航。

在此背景下，破产与供给侧改革、“僵尸企业”一起成为热门的社会性话题，与破产有关的研讨会、研究会轮番召开，东北特钢、二重重装、广西有色等重大的破产案件不断涌现，浙江省的温州市、福建省的泉州市等地方政府相继出台政策支持破产审判工作，广东省高级人民法院、北京市第一中级人民法院、厦门市中级人民法院、四川省德阳市中级人民法院等地方法院相继成立了专门的破产审判庭，全国的破产业务和破产工作呈现出平稳推进之势，我们要做的就是顺势而为。

所谓重整，是指引进重组方，重组方既可以百分之百控股，也可以多数控股；重组方引进后，有权改组企业的经营管理层，有权调整企业的经营方向和经营策略，并可以将其资金或者优质资产注入重整企业中，从而实现困境企业的完全重生。

2014 年 11 月，新老划段对退市上市公司回复主板有了新规定，长期浸泡在破产法里的我敏锐地捕捉到了这个信息。36 个月对我来说，足可以创造一个奇迹。我们团队花了一个星期

的时间成功收购了深圳中浩（集团）股份有限公司（后简称深中浩），并与全球顶尖的金杜律师事务所合作推动这个项目。他们在破产案件处理方面有着丰富的经验，专业的破产团队加上我们的丰富重组经验，强强联合，这个企业重现辉煌让我们充满了期待，凤凰涅槃，这个奇迹就要来临。

招商银行前行长马蔚华说，招行能有今天，要感谢深圳，是深圳给招行的成长“提供了一块沃土”。他注意到，深圳有一个全国独有的现象：这里产生了一大批历20年而不衰的企业。它们在国内外都有不错的竞争力，而且大多还不属于国有企业。“这个要归功于深圳的环境。”马蔚华分析道。深圳特区成立只有30年，这里没有老企业、老街道，年轻人多，创新的城市加上一帮年轻人，造就了这里企业的勃勃生机。

作为困境企业的典型代表，深中浩在重整的道路上正在奋勇前行。深中浩于1992年在深交所挂牌上市，与原深发展、深万科等老牌企业一并成为深市最早的一批上市交易企业。世事无常，2001年因经营不善、债务累累，深中浩遗憾退出主板交易，转入中小企业股权转让系统，这一退便是15年。2015年深圳市中级人民法院裁定对深中浩进行重整，至此深中浩进入破产重整程序。金杜律师事务所成为深中浩的破产管理人。在重组方及金杜律所等多方努力下，通过债务重组、资产重组、股权重组的全方位手段为深中浩注入了“黄金珠宝+环保实业”的优质资产，摆脱了庞大债务，重新恢复了经营及盈利能力，使其获得了更大的发展，从而实现了困境企业的完全重生。

公司盘活重现辉煌让我们充满了期待，凤凰涅槃。

可能有奇迹在等待，可能即将来临。

相信自己的时候，魔法就会发生

证券投资一直被认为是“男人的游戏”。纽约证券交易所（后简称纽交所）成立170多年从未曾有过女性会员。1967年缪里尔·西伯特用4.45亿美元购得纽交所的一个席位，成为第一位拥有纽交所席位的女性。 西伯特在华尔街的地位举足轻重，被称为华尔街的“第一夫人”。

作为第一个打破华尔街男性垄断的成功女性，从23岁只身携带500美元闯荡华尔街到其创办的希伯特公司年收入超过2500万美元,成为美国最成功的证券经纪行之一，她传奇的一生不仅激励着女性勇往直前，更激励着男性追寻心中的梦想。她的生活因斗争而丰富，因担负社会责任而精彩。

获得纽交所第一个女性席位初显西伯特的金融智慧，然而她的谋略与勇气，早在23岁只身前往华尔街立足之前就已经有了积淀。

1954年，刚从大学退学的西伯特怀揣仅有的500美元，开着一辆旧斯蒂旁克来到东海岸开始闯荡。她找到的第一家证券公司是著名的美林公司，因为没有大学文凭当即被美林回绝。于是又找到第二家，再被问到有无文凭时，她灵机一动谎称有，就被录用了。幸运的是，那家公司并没有去调查，使她得以在华尔街一展身手。直到今天，西伯特公司已拥有100多名员工，年收入超过2500万美元。

在西伯特出任纽约州银行检察官的19世纪70年代末，正值美国利率节节上升，银行倒闭事件此起彼伏。西伯特举措迅捷，强迫银行进行合并，并说服州政府调集了大量资金用于救助危难银行，甚至迫使一位银行行长削减一半工资。在西伯特的努力下，整个纽约州没有一家银行破产，创造了银行界的一个奇迹。

在华尔街立稳脚跟后，希伯特做起了鼓励女性进入金融领域的倡导者。在她看来，美国妇女学历高、能力强，只要企业充分调动妇女的积极性，就能在竞争中轻松领先。她还分析，商业及政府高层的男性们应该更愿意承担与女性及少数群体分享领导层的风险。毕竟，在这个快速变化的时代，需要不同的观点及经验，需要扩大人才库，这个时代真正的风险是一成不变地做事。西伯特以自己的传奇人生为世界女性演绎了自立自强的典范：解开枷锁，在男性主宰的领域里攀至巅峰起舞。

《华尔街女性》一书的作者费雪说，正是在西伯特的鼓励下，很多女性闯进了华尔街。“19世纪70年代，女性可以成为

中国人寿
WESTIN

华尔街的专业人员，这个观点对美国公众和华尔街而言都是难以想象的。”西伯特一直活跃在国际妇女论坛等非营利组织，不断鼓励有志于金融事业的女性投身华尔街。正如人们评论的那样：“她总是把门推开，然后设法让门一直开着，这样后来人也可以进来。”

在以黑白灰为主色调的金融领域，还有一抹不一样的色彩，那就是一位屹立在狼群中的女人：克里斯蒂娜·拉加德。

克里斯蒂娜·拉加德的人生，是由无数个“第一”组成的：2004 年，她成为世界知名的律师事务所贝克·麦坚时的第一位女性主席；2007 年，她成为法兰西第五共和国第一任女性财长，同时也是任期最长的财长；2011 年，她又成为国际货币基金组织（IMF）的第一任女总裁。

没学过金融的她，却成了世界最大金融组织的总裁。很多人质疑她的工作能力、专业背景，然而，克里斯蒂娜·拉加德从来都不辩驳，她向他们微笑致意，然后我行我素。英国《每日电讯》说她是金融世界的可可·香奈儿，因为她既拥有女性特有的温柔与优雅，又从不吝于采取铁腕手段。也有人说她是“穿 prada 的女王”，因为她总能在智慧与时尚之间游刃有余。

她们的成功证明，女人也可以像男人一样拼事业，屹立在狼群中的女人更有魅力。金融行业是充满魔力的，投资不是简单的以钱赚钱，而是一门充满乐趣的艺术，是对一个人灵魂和智慧的考验。对金融行业真正的热爱和兴趣，是最终区分相同技能水平的人之间胜负的决定性因素。

梦想要有，万一实现了呢！

做一件事情的时候，我做梦都在思考这件事情，说明我几乎把自己的全部精力都投入其中，榨干自己所有的智慧和体力，来全力以赴做这件事。而通常情况下，对于很多看起来遥不可及的目标，当投入百倍精力之后，或许就会豁然开朗。

相信自己的时候，魔法便会发生。芭比系列故事中，《芭比之时尚奇迹》讲述了芭比告别了她的演艺生活去巴黎帮助她的姨妈米莉森。米莉森经营了一家收到差评并且濒临倒闭的时装设计公司，在米莉森看来一切都毫无希望。但是芭比不这么想，她相信这家公司一定会东山再起。芭比和米莉森的助手艾勒希亚得到了时尚精灵的帮助，他们想筹备一场时装秀来挽救这家公司，最后，芭比、艾勒希亚和米莉森通过自身的努力，让这场时装秀引起很大的轰动，他们设计的产品非常受欢迎，米莉森的公司也得以挽救。

我相信，我也一定能在金融领域闯出一片天地。

我更相信，积极的心态有一种无形的力量，它可以激发我的无限潜力，推动着我不断地去努力，把“不可能”的设想奇迹般地变成现实。

像芭比娃娃一样生活

LIFE AS
BARBIE

Chapter 03
有种改变只有你能创造

相信种子的力量，颠倒播种

一即一切，一切即一，理事圆融，事事无碍，万物生灵均源于一颗种子。

种子孕育着新生，每一株植物皆在每一粒种子中再度萌发，每一天都意味着新的创造，预示着涅槃重生。种子的力量，已颠覆我们精神上遮蔽已久、一路杀戮的血色天空。简单不乏深邃，像一株植物、一朵花那样勃发自信，袒露美好，无须低眉敛首，呈现出一种昂扬向上的姿态，坚韧中包含生活中不可或缺的珍贵元素——悲悯、爱、繁复，还有对万千谦卑生命的尊敬与宽容。

我曾在西安大雁塔下学习过种子的力量，种子的原理是二千五百年前的智慧，所有的成功都源于意识里的种子，但是种子就像回声，没有另一个人是无法播种的。不可思议，古老经典的奥秘与我们的生活点滴不离。

“五位百法”及“六味空性”让我学会了：“我”是一切的根源。我们的世界都是由我们自己创造出来的。一粒种子蕴含了三千世界，种下什么就会收获什么。

“金狮子”及“百合花”的故事让我懂得了什么是空性。空性，是一切事物并不来自事物本身，缘起性空，此有故彼有，此生故彼生，名曰缘起。一切都源于内心的意识，未来是可以自己去打造的，想拥有什么样的未来，就去种下什么样的种子；种下什么样的种子，就能拥有什么样的未来。

当我们在做一件事情时出发点很重要，你是为了获得财富还是为了赢得名望？你是为了改变世界还是回报社会？种下财富的种子会得到财富，种下贵人的种子会得到相助，种下爱的种子会得到爱，种下为社会付出的种子会改变世界，种下贪婪的种子就会损失财富……最重要的是你种下什么样的种子。

日本的稻盛和夫每做一个企业都做得非常成功，其秘密就在于种子的力量。

稻盛和夫认为，只要一心一意埋头工作，自然而然就能获得力量。有了力量，就一定能做出成果。有了成果，就能获得大家的好评。获得好评，就会更加喜欢工作。这样，良性循环就开始了。要想做出成绩，首要的就是运用自己坚强的意志去喜欢工作，除此之外别无他法。

只要你真正明白了种子的力量，你想要什么结果就去播种什么。

当描绘出理想的种子后，就要用一生来追求这个理想，实现我们的人生价值，我们的人生因为努力地追求和奋斗而感到幸福和快乐。当我们为自己的梦想而努力，就是在播种，如果我们在为别人的梦想努力，就颠倒了播种。古今中外，凡是能成大事者，都具有颠倒播种的意识。

稻盛和夫曾表示：以“利他之心”经营的企业，是超越行业、超越国界的“真理”。正因为自己想要富裕，就应该体会到对方和周围的人同自己一样也想富裕。人同此心，因此要考虑如何让对方同自己一样，也能高兴欢喜。努力以这种利他之心去经营企业，就一定能够引导企业不断成长发展。

华人首富李嘉诚先生深信布施和富贵的内在的必然联系，

是真正在运用“种子原理颠倒播种”的伟大企业家。他曾说过，“人生在世，能够在自己能力所逮的时候，对社会有所贡献，同时为无助的人寻求及建立较好的生活，我会感到很有意义，并视此为终生不渝的职志。”

世界上任何伟大的公司和发明都解决了一些独一无二的问题，这就是成功创新的定义。真正的财富不是眼前所拥有的物质财富，而是创新的念头及成功实施的能力。种子的力量于此而言，便是在传递全新的商业智慧——合作胜于竞争。

在现在的经济形势下，企业利润下滑、债务问题突出，很多人背负巨额债务，利息每日倍增，不堪重负。

“出生时你有钱吗？”答案是：“没有。”

“现在钱没了，钱究竟去哪里了？”

金子一直存在，金子本身不会自己变化，也不会消失，而金狮子是能工巧匠做出来的，是金子的显相，若被眼前的物相所障，便看不到本体了。

一则小小的故事启发大智慧：钱从来没有失去，钱“藏”

起来了，坏事当中有好事，危机之中有转机。总结过去、接受现在、创造未来，“受了”即过去，“受了”即与过去做了结。播下财富的种子，在未来积极地把钱种出来。

到底该如何解决债务危机呢？或许我们希望此刻有人可以真心地来帮助我们摆脱困境，可以在资金、资源上支持我们。首先寻找业力伙伴，也许我们可以去找一个贫困山区的孩子，也许我们可以去找到一个创业中需要帮助的人。找到他，认识他，了解他，和他成为朋友，帮助他。定期去看望他，在资金、资源上竭力去帮助他，为他的进步成长感到高兴，祝福他，充满情感，神圣地去做这一切，并且坚持不懈地去做。

希望自己成为这样的人，希望自己做成那样的事。心怀大的梦想、树立高的目标，这便是我们即将播下的种子。

当我明白这个道理后，我创立的每一个企业都是以“利益众生、回报社会”为出发点。首先我做的企业一定是要对社会有帮助的。其次，对于我们经营的业务而言，我希望是可以造福于人类的。我会与我的创业伙伴并肩作战，合作共赢；我会给予优秀员工奖励，为他们创造尽可能多的晋升机会，也会关心他们的家庭和健康；工作之余我也会不遗余力地去做慈善，帮助那些留守儿童们，给处于困境中的家庭点亮一盏明灯。

种子需要时间发芽，会遇到困难破土而生，会经历风雨长成粗壮的大树，会经四季轮回开花结果，最终长成一片森林。

只要明白了种子的力量，便会“预知”结果。

稻盛和夫几十年一直作为京瓷研发带头人。他发现，一旦发疯地投入工作之中，对某个目标有着强烈的渴望，就会在脑海里形成一个意象，身边的任何一个新发生，都会坚定地指向那个意向。这时，工作现场就会出现照亮前途的火炬，智慧之井就会洞开。用稻盛和夫的话说就是，“工作现场有神灵”。

当我决定自己创业时，我很清楚地意识到这条道路的曲折以及艰难，但是我热爱这份事业，我相信只要全力以赴，秉承着“利益众生、回报社会”的坚定的信念，怀揣着对于梦想的执着，一步一个脚印，专注地做好每一件事情，未来一定像我预知的那样美好。

人生如此，只要种子还在，希望就在。

诚信是一切价值的根基

中国素以“礼义之邦”著称于世，诚信乃中华民族的传统美德，自古以来，都崇尚“一言九鼎”“言必信，行必果”。人无信不立，业无信不成，国无信不威。对于一个人、一个家、一个国而言，都不能没有诚信。

曾经有这样一个故事深深打动了我。故事的主人公是一个叫作西亚的善良女孩，她是德国柏林巴比纳信托行的员工。

第二次世界大战爆发以后，巴比纳信托行的老板为了躲避战争，带着自己的财产和家眷逃之夭夭，其他雇员们也都作鸟兽散。西亚带着该信托行的账本、托管文件以及一颗未被顾客取走的价值 50 亿马克的红宝石，为了躲避战乱到处奔走。她不管走到哪里，不管遇到什么样的困难，都始终信守托管行的信誉，保管好上述物品，后来，她得知该行的老板和宝石的主人都已经在战争中死去。照理说，这些财富已经没有了主人，即使西亚据为己有，也无人知晓。西亚却不这么认为，她始终如一地保管着这些物品，没有任何贪私之心。战争结束以后，

西亚把该信托行的账目和托管文件全都交给了政府修建的博物馆，并在政府的帮助下，找到了那颗宝石主人的孙子。

西亚的事迹被登载到了报纸上，人们纷纷赞扬她的诚信与执着。有人提议让她当商会顾问，还有几家大型信托公司请她出任荣誉总裁，但都被她谢绝了。在西亚去世后，柏拉图信托公司以 80 亿马克的天价，从西亚的儿子那里获得了西亚的冠名权，将自己的名字变更为西亚信托公司，该公司总裁说：“西亚已经不是一个人的名字，它代表的是一种企业精神。”果然，自从更名之后，这家信托公司的交易量一路攀升。

由此可见，诚信在企业发展中扮演着非常重要的角色。

诚信是一切价值的根基，是人生的命脉，是现代契约精神的核心本质。

诚信是企业发展的基石，只有把诚信作为经营理念的企业，才能最终获得消费者的信赖。“德盛者其群必盛，德衰者其群必衰。”对一个品牌、一家企业来讲，诚信是灵魂、是生命、是企业生存和发展的永恒动力。失去了诚信，企业必将衰亡。

为了追求利润，很多企业把诚信抛在脑后。2008年的三鹿“毒奶粉”事件，以数万名儿童的生命和健康为代价，给中国人上了一堂食品安全教育课；2010年的地沟油事件让人触目惊心，虽然地沟油的主要成分为油脂,但是其中所含的有毒物质，对人体健康有着严重的危害。

作为企业，没有利润就无法生存。追求利润并不是可耻的事，也完全不违背做人的基本道理。在竞争日益激烈的市场环境中，由正当的竞争结果决定的价格是合理的价格，以这个价格堂堂正正地做生意所赚得的利润，是正当的利润。全体员工用光明正大的方法，付出不懈的努力，作为结果而获得的利润是值得尊重的、无可非议的，员工可以带着自豪感安心工作，企业也对社会做出了贡献。

追逐财富，做金钱的主人，财富是诚信和勤奋的副产品。勤奋能修炼人的能力，诚信能修炼高贵的品德，勤奋出贵族，诚信出高尚。

曾经有一次，旗下公司的产品出现了质量问题，问题一出，质检部、生产部马上召集会议，发现是一家合作多年的原材料供应商提供了一批有瑕疵的原材料，幸好质检部的工作人员及时发现了问题。针对这种情况，我立刻做出决定：封存并销毁该批次原料生产的全部成品，追回已经出货的所有产品，罢免这次事件的相关责任人，马上重新购进合格的原材料。

这样算下来公司虽然损失了几百万，但是公司的诚信和品质得到了保障。只有真正赢得客户，提高客户的满意度，我们的产品才能在日趋激烈的市场竞争中拥有更大的市场，并保证企业的经济效益平稳、健康及可持续增长。

对于一家企业来说，最大的破产是信用的破产。哪怕你一无所有，只要信用还在，就还有东山再起的机会，所以要保护好信用，珍惜客户给企业的每一分信任，永远不要透支企业的信用。作为管理者，选择其实很简单，往自己心里觉得踏实的地方走，就一定不会错。每一次判断都从企业的整体利益出发，这样才能做出最佳的决策。

不断学习，
每一天的自己都是新的

中国还名为中国，但是今日的中国非十年前的中国。中国经历了改革开放 30 多年的伟大实践，拥有中华民族五千多年的悠久历史，今日的中国犹如觉醒的东方巨龙，即将腾飞，世界已经进入了“中国梦”的时代。中国梦是民族的梦，也是每个中国人的梦。世界格局在变化，世界经济形势在变化，世界政治形势呈现出新态势，世界的思想文化形势有新的特点，每一天的世界都是新的世界，每一天的自己都是新的自己，我们需要不断地学习，去适应这个快速变化的世界。

马云还名为马云，但是今日的马云非十年前的马云。他作为互联网时代最成功的企业家之一，仍然不断地超越自己，他成为一个时代的代表，感召、带动年轻人在不断进取中创造全新的自我。

每个灵魂来到这个世界都不甘于平凡，永远不要放弃学习的能力，如果有一天把我们置身于任何一个地方，我们都要有能力生存并且打开一片天空。只有不断地充实自己，才会透出骨子里的自信和底气。我坚持每天学习，并且不断地深造，只要有时间，我就会去总裁班、EMBA学习新的管理知识，去了解最新的经济形态，去成功的企业考察，去和业内的专家交流，学习先进的理念。

德国哲学家马丁·海德格尔曾说过："春天不播种，夏天就不会生长，秋天就不能收割，冬天就不能品尝。"要想获得丰收的果实，必须先学会播种。我也鼓励我的员工们：一定要不断地去学习，学习新的知识、新的业务、新的技能，这些将会让你们在这个企业立于不败之地，你们的认真工作也必将会有丰厚的回报。我支持员工获取专业资格证书，实行内部激励机制，公费鼓励员工学习。我想这种制度是非常正能量的，公司的员工也在这种制度的影响下开始主动学习，工作的积极性也有很大的提高。

任何领域，在取得丰硕的成果之前，都会有一个过程。不断学习，不断改进、提高，看大量数据、资料，进而更了解所做之事，就这样反反复复，精益求精。不要忘记，伟大的事业不是一开始就能实现的，都是靠脚踏实地地努力、一步一步地积累实现的。

爱因斯坦被誉为最伟大的科学家之一，但是当他被问起是否懂得很多知识时，他在黑板上画了一个圆，这样说道："在这个圆内是我已经掌握的知识，圆外则是我未知的世界，当我掌

握的知识越多，那么这个圆的周长就越大，和外围未知世界接触的范围就越广，所以其实我不懂的东西还很多。”因此，学习，是最富有革命性、创造性的生产力。

面对信息的裂变、知识的浪潮，“终身学习”是每个现代人生存和发展的基础。

对于即将步入社会的应届生们来说，从上学到上班，并不意味着学习的结束，而是换个方式、换个环境学习，让你在大学所学知识的基础上多一些新的，并且是更实用、更能创造价值的东西。作为已经踏入社会的人，形式上的学习生活虽然终结了，但我们一辈子都还是学生。

亚洲首富李嘉诚先生就做到了每天都不断地学习，曾经有人问他：“你今天能有如此大的商业帝国，靠的是什么？”李嘉

诚先生的回答是“知识”。他认为，在知识经济时代，如果你有资金，但是缺乏知识，没有新的信息，无论何种行业，你越拼搏，失败的可能性越大；但是你有知识，没有资金的话，小小的付出都能够有回报，并且很可能获得成功。

这就是一种持续的、渐进式的学习，这种学习会不断地补充我们的认识，增加我们的阅历。当遇到更大的困难时，我们就会因为知识的沉淀变得更加游刃有余。

有智慧的人未必先天就很聪明，反而更多的是通过后天毕生的努力。现在，一些正在求学的学生，很多人认为自己先天不足，没办法学好，因此悲观泄气，无心向学。其实，这是大可不必的，只要勤奋努力，希望就在眼前。

古希腊哲学家苏格拉底有句名言：“我唯一知道的事就是我一无所知。”随着学习的不断深入，你真的会发现你所知道的是那么的局限和狭隘，你所面临的未知领域是那么的广大与深远。

美国有一位家喻户晓的“摩西奶奶”，她是典型的大器晚成者。她在晚年成为美国最多产的原始派画家之一。从 77 岁开始作画，她的作品在世界各地的博物馆都有展出。摩西奶奶 80 岁时在纽约举办个展，引起轰动。此后她的作品成为艺术市场中的热卖品，并且赢得了很多奖项。有句话成为总结她一生的经典话语：“做你喜欢做的事，上帝会高兴地帮你打开成功之门，哪怕你现在已经 80 岁了。”

“学无止境”对任何人来说都是至理名言。中国人一般认为45岁就进入老年了，而法国人认为80岁才是进入老年，日本的出租车司机大部分是退休的老人，香港的校长75岁才退休，季羡林老先生90岁还笔耕不辍。活到老、学到老是快乐的。

在不断变化的时代中，我们要学会不停地给自己充电，给自己的未来投资。对于一个身在职场的人来说，不断学习新知识和每天保持干练的职业形象一样重要。即使有专业技能，也要不断地学习，与时俱进，不地充实自己，这样才能在职场中立于不败之地，永远跟上时代的步伐。

每一天的自己都是新的自己，有着新的起点、新的任务、新的感悟、新的责任。

感谢每一天，感谢每天不一样的自己。

我的信念会比别人先抵达目的地

在很多人眼中，我的人生充满幸运，一路走来都很顺利。其实，在人生的道路上，人人都有可能遇到困境，我也不例外。只是，我的信念会比别人先抵达目的地。

首先要敢“想”，这是一切的开始。

怀抱“非实现不可”的强烈而持久的想法，勇敢地去设想自己的目标。无论什么目标，要抱着“无论如何都要圆满实现”的念头，在心中强烈地想，并规划宏图。当愿望纯粹而强烈，日思夜想，苦思冥想，反反复复念念不忘时，这种愿望就会渗透到潜意识。一旦进入这种状态，就会自然而然地让自己朝着愿望实现的方向前进。

“实现新的计划关键在于不屈不挠，一心一意。因此，必须聚精会神，抱着高尚的思想和强烈的愿望，坚持不懈干到底。”这是一位哲学家的话。这句话告诉我们，拂去“这目标或许达不成”的疑虑，把“非实现不可”的愿望，以“高尚的思想和强烈的愿望，坚持不懈干到底”的精神坚持下去，那么不管多高的目标都能实现。

圣者进，凡者退。圣贤的人做事会先设定一个大目标，然后分成十个阶梯，每一步设定一个小目标，完成第一个阶梯、第二个阶梯……最终到达第十个阶梯。而平凡的人走一步看一步，走到第三步时可能遇到瓶颈无路可走了，就选择放弃。人生的梦想要有目标，而且还要有实现目标的规划。

实现目标的路上会有很多困境，就好比一层层薄薄的窗户纸，挡住人的视线，让人看不清自己的出路，看不清自己的方向和目标。但只要鼓足勇气，怀着必胜的信念去捅破那层窗户纸，就能拨云见日，看到光明。所谓“宝剑锋从磨砺出，梅花香自苦寒来”说的就是这个道理。

信念之于人生，如同舵手之于航船。要成功，必须有坚定不移的信念，不能南辕北辙，做事要有目标。有梦想就有了奋斗目标，不管在奋斗的路上经历多少坎坷，信念始终是希望的来源，成功的来源。

居里夫人痴迷于科学，怀揣着崇高的理想和坚定的信念，致力于科学研究，最终两次荣获诺贝尔奖；贝多芬在面对听力缺陷时，用自己坚强的信念作为自己的双耳，扼住命运的咽喉，最终给世人留下诸多经典的名作；司马迁抱着“究天人之理，通古今之变，成一家之言”的理想，用自己坚定的信念，忍受身体惨遭重创的痛苦，终究完成了《史记》这一“史家之绝唱”。他们正是凭着先于他人的坚定信念，才走向了成功的彼岸。

信念是人生的支撑，是成功的秘诀。拿破仑曾经说过：“我成功，是因为我志在成功。”这种自我激励的精神力量，是一个人，一个民族，一个国家站立起来，并迈步向前的重要精神支柱。

“博客女王”徐静蕾，她的人生经历可谓丰富多彩，自己操办“独立电影”，在博客上与韩寒过招，甚至办起了电子杂志。

自 2007 年以来，徐静蕾每年只出演一部电影，她将大部分时间投入到自己创办的电子杂志《开啦》上。渐渐远离大银幕却并没有降低徐静蕾在其追随者中的影响力。《杜拉拉升职记》的成功，徐静蕾在企业界的影响力功不可没。作为演艺圈中的才女、互联网 2.0 时代的“博客女王”、《开啦》的创办人，徐静蕾从不惧怕进入任何全新的领域，而且她坚信正是她的每一次冒险，敢想敢做，先于其他人的信念，才成就了今天的徐静蕾。

如果把人生比作杠杆，信念刚好是它的“支点”，具备这个恰当的支点，才可能成为一个强而有力的人。伟大的作品不只是靠力量完成的，更是靠坚定不移的信念，如果一个人有足够的信念，他就能创造奇迹。决堤毁坝是可怕的，但最可怕的是意志和信念的崩溃，而我要求自己快人一步，我的信念要比别人先抵达目的地。

全神贯注于自己的工作，磨炼自己的灵魂，铸就美好的心灵。有了美好的心灵，就会很自然地去想好事，做好事。虽然我们并不知晓自己被赋予了怎样的命运，但是想好事、做好事，这种念头、这种实践，会形成一种力量，促使我们的命运朝着更好的方向发展。

永不放弃，不破楼兰终不还

放弃是一个念头，而永不放弃是一种信念、一种精神。

现实生活中我们往往会自觉或不自觉地选择前者，因此，我们极易成为普通的没有棱角的人，而有些人却坚定地，近乎倔强地选择了后者，这种人虽是少数，但他们却往往能赢得大多数人的掌声。

20 世纪 80 年代，中国女排代表了世界女子排球竞技的最高水平。女排精神超越了体育范畴，契合了时代需要，不仅代表体育的意志，更被升华为民族精神的代名词，并演化成社会文化的一种符号。中国女排经历过辉煌，也陷入过低谷。偶尔会被打败却始终无法被完全击倒，即便踉踉跄跄却始终坚定信念，这就是中国女排的铮铮傲骨。

顽强拼搏、决不放弃，“不破楼兰终不还”，经历了无数磨炼，中国女排终于靠实力再次摘得里约奥运金牌，让我们看到了什么才是“女神”的正确打开方式。女排带给国家的荣誉是至高无上的，女排的精神更鼓舞着各行各业的人们，拼搏奋斗、砥砺前行、永不放弃。

人生不可能总是一帆风顺，多多少少都会有些坎坷和波折。世界上之所以有强者和弱者之分，正是因为强者在接受命运挑战的时候说“我永远不会放弃”。而我，正是生活的强者，我用自身的行动和毅力诠释了作为一个强者的不屈服，“不破楼兰终不还”的信念。

深中浩退市14年，负债几十亿，庞大的债务问题，曾使我陷入困扰。但是我绝不逃避，这些困难何尝不是老天对我的考验，我坚强拼搏就有50%的成功概率，如果我放弃，就注定100%失败。面对这些难题，我咬紧牙关，把所有精力全身心地投入到找寻“解药”上。经过一个多月的车轮战，功夫不负有心人，包括二十几家银行在内的债权人，最终全票通过了我们的破产重整方案，我把一个濒临破产的企业“盘活”了。这个历史性突破带给我很多感触，遇到任何难题时，只要拥有正能量，主动迎难而上，永不放弃，秉承着“不破楼兰终不还”的决心，奇迹一定能发生。

正如尼采所说：“高处并不可怕，可怕的是斜坡。”有人在逆境中奋起，获得了成功。也有人没有勇气去正视人生，沉沦下去。然而，成功总是属于那些勇于面对挫折，永不放弃的人。

“古之成大事者，不惟有超世之才，亦必有坚韧不拔之志。”发明大王爱迪生在研制白炽灯时，尝试了上千种材料，均告失败。有人嘲笑他说："你永远不会成功。"爱迪生不为所动，不抛弃，不放弃，废寝忘食地坚持进行研究。终于，他成功研制出全球第一枚电灯，给世界带来了光明。他一生坚持研究，发明了一系列使后人获益匪浅的科技成果，把他的名字熠熠生辉地载入史册，经岁月洗礼而不褪色，盛名流传至今。是坚持，让他一生光彩。

海伦·凯勒双目失明、双耳失聪，却努力地从一个让人同情，默默无闻的小女孩变成让全世界尊敬的女强人。如果生活真的不公平，那么，生活对她的不公平可谓到了极致。她完全可以放弃她的梦想，躲在阴暗的角落里放声痛哭，没有人会责怪她。她也完全可以躺在床上或坐在轮椅上，像一个植物人一

样让人服侍。可是这一切，她都没有做，她只是在老师的帮助下学习盲语，触摸事物。凭着她永不言弃的信念和坚持不懈的意志，她把她理想的天空涂上了人生最亮的色彩。

可见，成功根本没有什么秘诀可言，如果真有的话，只有两个：第一个就是坚持到底，永不放弃；第二个是当你想放弃的时候，回过头来看看第一个秘诀——坚持到底，永不放弃。

1948 年，英国牛津大学举办了一次“成功奥秘”讲座，邀请英国首相丘吉尔来大学讲演。在讲演前三个月，各种媒体就开始了热烈的炒作，各界人士翘首以盼讲座的到来。讲座当天，会场上人山人海。全世界各大新闻媒体都到齐了。人们都在洗耳恭听，等着这位政治家、外交家、曾获诺贝尔文学奖的文学家透露他的“成功秘诀”。

只见丘吉尔走上讲台，两眼注视着观众，接着用手势止住大家雷动的掌声，说：“我的成功秘诀有三个：第一是，决不放弃；第二是，决不、决不放弃；第三是，决不、决不、决不放弃！我的演讲结束了！”说完，他就走下了讲台。会场上沉寂了一分钟后，突然爆发出热烈的掌声。那掌声经久不息。

这次演讲的全过程大概持续了20分钟，但是在这20分钟内，年迈的丘吉尔虽然只讲了三句相同的“永不放弃”，却成了中外演说史上的经典之作。

第一个“决不放弃”，是讲干什么事情都要坚持到底；第二个“决不、决不放弃”，是讲当你想放弃的时候，要坚持“决不、决不放弃”的信心；第三个“决不、决不、决不放弃”，是讲永远坚持下去就能够成功。当然，这是后人做的解释。

在这次演讲中，丘吉尔用他一生的成功经验告诉人们：唯有坚持不懈地去努力，就像滴水坚持永不放弃，最终能穿透巨石一样，你也必将赢得最终的胜利。

热爱荣耀，
珍惜自己的名誉

如果说中国人民解放军是一部厚重的史书，那么陆海空三军仪仗队就是开启这部史书的精美扉页。

“中国人民解放军仪仗队列队完毕，请您检阅！”

正是这支队伍，用忠诚和热血铸就仪仗方阵，把共和国的风采和尊严展现在五湖四海的宾朋面前。他们用青春和汗水，铸就了英姿雄风，把人民军队的威武与文明定格在祖国人民心中，他们是国之象征，军之荣耀。

在我的办公室里，摆放了大大小小的奖杯和证书，“2016 中国经济十大杰出女性”“红十字会爱心人士”“爱心大使”，等等。这些证书和奖杯是对我多年来工作的一种肯定，对我来说也是一种荣耀的象征。

还有一种荣耀叫“团队精神”，我在创建自己的团队时，会让他们意识到，每个人都是在为自己的未来奋斗，我要打造的是一个有战斗力的团队，集金融和实体为一体的Kingsman团队。对于人才我十分珍视，用心去感召。每个人都有闪光点，对于公司来说这就是一种财富的象征，每个人只要把自己的激情、忠诚、责任、经验、专业、资源等正能量投入到公司，贡献给团队，这样的团队必然会脱颖而出。

军人视荣誉为生命，任何有损军人荣誉的语言和行为都应该绝对禁止。同样，如果一个员工对自己的工作有足够的荣耀感，并引以为荣，他必定会焕发出无比的工作热情。因此，我会对我的员工们进行荣耀感的教育，每一个员工都应该唤起对自己的岗位和公司的荣誉感。可以说，荣耀感是团队的灵魂。

为了公司的发展，每一个人都应竭尽全力。经营者不负众望，拼命工作；员工们互相信任，不图私利私欲。大家都以在这家公司工作为荣，盼望公司发展壮大。常言说，人心易变，但同时也没有比心心相连更为可靠的东西。正因为大家心心相连才有了我们的今天，在这样一个年轻、激情的团队的打拼下，我们收购了环保产业、珠宝、旅游景区、实体产业公司、文化公司。

幸福的未来是靠双手打拼而来的，英雄不问出处，无论以什么渠道什么方式加入我的公司，进入后都将一视同仁，机会平等。只要敢拼敢闯，公司就会给予他最好的机会；只要有责任有担当，公司就会给予他最好的待遇。

为此，我给优秀的员工打造了Kingsman的荣耀，邀请服务过马英九、鲍威尔将军等名人的金牌量身师为他们定制“战袍”，量身定制的西装代表着荣耀。“商场就是战场，男人的西装就是战袍”，我们的西装面料都是从英国、法国、意大利进口，由台湾金牌的量身师量体 29 个部位定制而成。

看了《Kingsman》的人就会知道，双排扣西装是王牌特工的标志。在这些特工眼里，比特工更重要的身份认同是绅士，因此“好西装必须是定做的，成衣绝对不行”，西装是现代绅士的盔甲，皇家特工是新时代的骑士。

现实中，我们大多数人，都不用像电影中的他们一样上刀山下火海，不过，穿成Kingsman却不是难事。西装是现代绅士的盔甲，是工作中最重要的道具。对于我的员工来说，定制西装的过程，更像是成为一名优秀员工的加冕仪式，当我的员工换上一套“高定西装”后，他便立马逆袭，开始走上人生巅峰。

我的好友，中国第一代男模贡海斌先生说：“保守年轻的秘密就是时尚，男人保守身材的秘密就是西装。”中国的落后，是文化的落后，男人是落后的主角，如果有半数男人都变成绅士，国家富强指日可待。国家的强大是文明的进步，是文明的强大，绅士不光认识世界、认识自己、认识女人，也认识财富。

公司鼓励团队的成员不断地深造学习，在公司工作满 3 年的成员会得到金牌优秀奖，子女的教育也会得到解决，公司会承担孩子们的学费，无论是幼儿园还是出国留学。我认为下一代要接受好的教育，传承父辈的精神，因为孩子是一个家庭的未来，祖国的未来，少年强则中国强。

每个打拼的年轻人背后都有一个家庭，不仅有在成长的子女，还有年老的父母。在我公司的团队中，如果员工的父母生病了，我不愿看到他们为了治病的资金而四处去借钱的一面，他们为公司所付出的劳动是有信用的，公司会成立专项资金为其垫付医疗费用。给人希望，给人方便，给人欢喜。

看过足球之类团体性的比赛就会发现，那些各自为战，只显耀个人本领的团队，与全体队员齐心协力向着获胜的目标奋斗的团队之间，实力差距一目了然。公司也一样，如果每个员工都按照各自的想法各行其是，力量分散必然 $1+1 \neq 2$ 了。但是，当全体员工的力量向着同一个方向凝聚的时候，就会产生成倍的力量，创造出惊人的成果。那时候 $1+1>2$，结果也可能是 5。因此，让大家拥有相同的价值观就显得尤为重要。很多时候“+”就像是不可逾越的隔阂，这时候，需要颠覆我们的思维模式，去除所有隔阂，凝聚全体的合力，朝着同一目标，这个时候就可能使结果最大化，出现 $1+1=11$ 的结果。若能够更加确凿地实现目标，通过团队进一步的协作，未来将会 $1+1>11$。

像芭比娃娃一样生活

LIFE AS BARBIE

Chapter 04
格局有多大，舞台就有多大

站在历史中做事，历史就会成就你

没有认真的态度、敬业的精神，才华便一无是处。

没有结果，努力便一无是处。

没有创造价值，投资创业便一无是处。

这个世界上若有若无的才华很多，漫不经心的敷衍很多，被现实照碎的梦想很多，锦上添花的机会很多。但是，能摒弃浮夸和喧嚣认真思考当下的发展趋势，并从中找到机会坚持做

下去的人却少之又少。

趋势，即是历史。

过程亦是历史。

顺应趋势，历经过程，历史总会回报你的付出。

我们每做一个项目或者事业实际上就是在做基因，做一条龙的基因，这个项目随着时间的推移就会长成一条巨龙；做一条虫的基因，即便你付出再多的努力，花费再多的时间和金钱，给它再多的营养，最多是一条大虫，而非龙。当你做一件事情是站在历史的长河中去做，历史就会成就你。好的公司都是那些立志想要带来一些社会影响和变化的。

大千世界，芸芸众生，不同的人有着不同的命运。能够左右命运的因素很多，而人生的格局，是其中最为重要的因素之

一。人生需要格局，拥有怎样的格局，就会拥有怎样的命运。古今中外，大凡成就伟业者，无一不是一开始就从大处着眼，从内心出发，顺应历史发展的趋势，从自己还是小人物的时候就开始构筑人生的大格局，一步步构筑他们辉煌的人生大厦。

年近70的任正非，被称为中国最有魄力、最具战略眼光和创新精神的企业家。三年自然灾害，大多数人感受到了恐慌、饥饿、动荡和绝望，但他却提炼出“活下去比什么都重要”的道理，正是因为对“活下去”拥有强烈渴望，让后来的任正非形成了一套独有的生存哲学，并成功将其运用到企业管理中，形成了今天被世人推崇的“华为文化”。

遭遇十年的“文革”动乱，他依然坚守住“为知识而奋斗”的信念。在不惑之年用2万块钱创建了日后改写世界通信设备制造业竞争格局的华为，在经营企业的二十多年时间里写下多篇对中国的企业发展及管理影响极大的文章。在这个只有偏执狂才能生存的世界里，任正非以强烈的个人风格和魅力造就了一个具有国际性地位的企业，成为众多管理者的偶像。

从刚刚创业开始，我就希望自己有一天能够像任正非先生一样，投入历史的洪流之中，找寻到自己的位置，创造一个属于自己的大格局，将我的事业版图一步步扩张到各个领域。

大凡真正的企业家，首先应该是个思想家，对企业的宏观战略有清晰的认识，以自己独特的思想认识、影响并引领企业

的发展。华为之所以成为中国民营企业的标杆，不仅仅是因为它用10年的时间将其资产扩张了1000倍，更是因为华为独特的企业文化，这种文化的背后则是任正非穿透企业纷繁复杂表象的深邃的思想力。从产品到技术再到文化，华为的营销做得有条不紊。任正非对企业目标的界定，对企业管理的创新，对企业价值的孕育，都开创了中国民营企业的先河。

回首任正非的人生，从低谷走到被人仰望的高度，历经了无数冷暖。但他始终处于静观自省的状态，常常根据企业、市场以及大环境的发展，发表自己的箴言。华为因任正非而成功，任正非因思想而杰出。

他杰出的思想，还体现在他对社会有责任、有担当的人生大格局之中。早在华为成立之初，任正非就创立了包括“寒门学子基金”“通信未来种子”等项目，满足寒门学子对知识的渴求，填补各地区人才的空缺，推动国家和地区知识的转移。华为还致力于运营通信技术，改善教育环境，使更多年轻人能够获得受教育的机会。他们还与合作伙伴一起致力于通信技术和知识的普及，帮助欠发达地区培养人才，实现知识的传承和发展。

这个满脸皱纹、低调谦和的老头，已经成为中国民营企业界的一位教父级人物，一个为了观念而战斗的硬汉，一代企业家学习的典范。他一手搭建起中国民企的金字塔，又塑造出独特的企业文化，让华为从一个普通士兵成长为全球通信业的领路先锋。从太平洋之东到大西洋之西，从北冰洋之北到南美洲之南，从玻利维亚高原到死海的谷地，从无边无际的热带雨林到赤日炎炎的沙漠，只要有人的地方就能看到华为人艰苦奋斗的身影。

对我这样年轻的企业家而言，任正非先生及其华为文化，更多的是一个符号象征：生命不息、奋斗不止。

我想，当我们心中有个大格局，站在历史中做事时，冥冥之中就会有一盏灯指引我们驶向成功的彼岸。

懂得感恩，黄金珠宝回报家乡

伴随着事业的不断发展，我也天天被一些问题包围：“作为一个年轻的女性企业家，你认为女性应该如何平衡事业和家庭？”“一个女性的事业之路有哪些难关需要克服？”……

对于这些问题，我通常都选择不回答，原因很简单：做事业不分男女，只分强弱。这个世界是根据丛林法则运行的，产品、市场、渠道、服务等，每一个环节都处在残酷的竞争中，生存与死亡不分男女，所以做事业的时候也不要用女性的身份限制自己。

我所认识的成功人士，他们大多都长得漂亮、干得漂亮、活得漂亮。无论男女，他们都专注、自信、努力，并且对成功有着执着的追求。在别人散漫的时候用功，在别人放弃的时候坚持，在别人享受的时候负重前进，在别人夸耀成功的时候懂得感恩。在我看来，如果说执着、努力、坚持等是一个成功者必备的素质，那么，懂得感恩就是人之所以能成功的前提。

我的每一次投资都心存感恩，在做一项投资之前，我总是会先观察聪明的人都在做什么。在香港，我看到满街都是珠宝

店，高度发达的首饰制造业造就了这个地方在世界黄金市场的重要地位。而中国的珠宝集散地则在深圳的水坝，经营珠宝生意的主要是福建人和潮州人。以李嘉诚先生为代表的潮州人，是中国人里的“犹太人”，有极强的商业头脑，而且十分重视信用。跟着聪明人做事，自然不会有错。

经过一番考究后，我把自己的视线投放到了黄金上。

黄金天然不是货币，但是货币天然是黄金。在古代，世界各地的人们都把黄金视为出远门的最佳盘缠。时至今日，黄金仍然是世界通行的货币。只要手中拥有真正的黄金，在世界各地的银行和珠宝行都能够把它兑换为当地的货币，黄金在全世界通行无阻，它的货币地位比美元还要稳固。

而且，黄金不存在折旧的问题，其光辉和价值是永恒的。开一家珠宝店，不必担心库存积压或亏损，因为货就是钱。除此之外，黄金与金融、时尚、艺术都可以完美地结合，作为一个有艺术品行业经验的投资者，我志在通过自身的努力使这个行业更上一层楼。

在我眼中，中国珠宝制造的工艺水平已经非常领先了，不输给一些世界品牌，可是赚取到的利润与卡地亚、蒂芙尼等一线珠宝品牌比相差却非常悬殊。中国缺的不是工艺，不是技术，而是百年品牌。

寻寻觅觅，机缘巧合之下，我了解到在吉林有一个品牌——吉林黄金。吉林黄金始于1820年，有着近两百年的历史，可惜的是这么有底蕴的一个品牌却鲜为人知。事实上，中国东北的这片沃土，保存了世界上最为完整的生态链，隐匿着无数世界级的珍稀生物，同时，又是中国重要的产金之地，正所谓“千里江山，金子镶边”。

长白山中有金，金子是山的精灵，是长白山的恩馈。在吉林长白山脉的夹皮沟一线，位于吉林省的中部偏东南，于松花江上游，龙岗山脉北，是长白山麓，松花江上源的高寒山区，处于中朝古陆东北缘。早在唐宋年间，夹皮沟就有了采金业。到元、明、清时期，这里的采金业已相当发达，也是这个时候，政府对这里加以封禁，严禁在此开荒种地，采金挖参，这些政策客观上对夹皮沟的黄金资源起到了保护的作用。

1820年，夹皮沟采金史上的第一位总把头“把头始祖”——孙继高，带领一队人马，走进长白山，发现砂金，对砂金作业做出分工，推行把头管理的群采作业，提升了采金产量。自此，土法采金在夹皮沟金矿区得到广泛推行，吉林黄金采矿业开始进入兴盛时期，出现多个黄金人物，使得吉林荣获“龙兴之地”与“黄金王国”的殊荣。

道光十年（1830年），吉林采金第二代“总把头”——马文良，在夹皮沟铺山盖地方发现山金和露头脉矿，后经过采、洗、炼得到重金，于是夹皮沟便开始了小范围规模化的采炼活动。

1851 年前后，采金人韩宪宗进入夹皮沟，他联合数十个采金组，击败夹皮沟金匪梁才，被采金人选为把头，从而使夹皮沟金矿的历史开始了最为辉煌的阶段。

1890 年前后，夹皮沟采金人已达四五万人，日产金五百余两，月产金一万五千多两，年产金六万两以上，有“日进斗金”之说。曾经出过一块六斤十两的大金块。

“金”动吉林，吉临天下，至此吉林成为名副其实的“龙兴宝地”，黄金的故乡。

新中国成立后，夹皮沟的黄金产量连续七年列居全国第一，夹皮沟人励精图治，艰苦奋斗，一代代人把毕生的追求，都熔铸成金子的光辉，熔刻在共和国的史册上。

了解了夹皮沟金矿的历史，我不禁为其发展而赞叹，这个为中国发展与建设做出突出贡献的古老矿山，今天还在继续发挥着巨大的作用，仍然是国家建设的脊梁，为国家上缴效益可观的利税，成为吉林省的支柱产业。

因为盛产黄金，金银首饰加工店在吉林的大街小巷里并不鲜见，打磨、抛光、镂刻等工艺，用机器和药水，再配上并不复杂的手工就能完成。但传统的手工打金店则不同，那些繁复而精细的工具和身怀绝技的老师傅，无不透着光阴独有的味道，那些用手工慢慢打制的饰品也仿佛因此多了一些现代机械无法镌刻出的人情和韵味。

看着吉林黄金打造出的一件件精美的黄金首饰和器物，一个念头浮上了我的心头：为什么国外有像卡地亚、蒂芙尼这样有历史积淀的珠宝品牌，而中国却没有？我要为中国创造一个响当当的民族品牌！

有着丰富历史积淀的吉林黄金，应该让更多的人了解它，喜欢它。我下定决心把“吉林黄金”做成有世界影响力的品牌，传承历史，珍惜老祖宗留下的文化，将它打造成黄金珠宝吉祥文化的第一品牌。秉承着对黄金文化的憧憬，对时代赋予黄金事业的责任，我和我的团队立志把吉林黄金这个民族品牌作为文化推广出去，并让吉林黄金在世界的舞台上傲视群雄，如同金光璀璨的黄金，愈久弥坚。

在北国江城，四季红黄蓝绿各显特色，山水鱼鸟尽显一年生气，吉林黄金人的黄金梦，已经逐渐变成了吉林黄金传奇的宏愿。打造黄金珠宝吉祥文化第一品牌，我们正在不断努力，每天都是新启程的完美开始。

在钻石、彩金等珠宝产业中我们也将全速发力。芭比娃娃的Dream house是钻石城堡，而绝大多数女孩子一生的梦想则是一枚钻戒。一枚钻戒，承载的是一个女人对美好生活和理想爱情的向往。“钻石恒久远，一颗永流传”，这句最为经典的广告语，如同一次爱情核爆炸，响彻全球。在中国，这句话更是意味深长，短短的19年间彻底改变了中国人婚庆佩戴黄金、翡翠的传统习俗，一枚钻戒成为承载两人爱情最美好的信物。

还记得看过《蒂芙尼的早餐》后对第一枚蒂芙尼钻戒的渴望吗？还记得对卡地亚手环的憧憬吗？正是这些美好的珠宝钻石，让每一个女孩子不畏竞争、努力拼搏，用工作换来财富。这些小小的梦想一步步搭起实现理想的阶梯，多少汗水，多少付出，才能换来指尖钻石的微光闪耀。

我坚信，珠宝是女人对生活不将就、不妥协的态度，是女人的处世哲学。做好这个产业，让更多的女孩子积极进取，认真生活，这是我的初心。

以前钻石的消费者看重品牌，花大量的钱去购买价格昂贵的一线品牌，但是随着消费者品位和对钻石认知力的提高，人们更重视性价比和款式，越来越多的人选择定制。选一颗自己中意的裸钻，搭配适合自己的款式，打造一枚属于自己的独一无二的戒指。如果想更换款式，我们也提供修改服务，让一颗

钻石伴随终身，成为女人永远的朋友。

在我看来，任何一种商业模式的创新，都意味着一个前所未有的商业机会的出现，谁能够率先把握住这种商业机遇，谁就能在市场竞争中取得先机，跑在最前面。耐克创造性地采用虚拟制造模式，使自己只需要生产对耐克鞋来说最为核心的气垫技术，其他的业务则几乎全部由外部公司制造，由此开创了企业虚拟经营的新时代；福特公司在诸多制造企业之中最先开始采用专业流水线生产，对商业模式进行了前所未有的创新，从而也为自己带来了源源不断的利润；雅虎率先创新出来的搜索引擎门户网站的概念，被众多网络公司利用，带动了全球互联网的发展。它们实现了商业模式的创新，因此在行业中占据了领袖地位。

市场环境的变幻莫测，顾客需求的千变万化，使得企业要想基业长青，只有一条路可走，那就是在变化中寻求发展。在企业的经营过程中，在每个环节上都会有多种多样的创新形式，不经意的一个创新或许就是改变企业经营模式的契机，所以，创新永远不过时。

提出要让国外的品牌在中国赚不到钱的王健林先生，其领导的万达全球围剿迪士尼的战略让我敬佩，我也期待着自己的珠宝品牌不仅能让国人认同，更能走入世界市场，获得全世界的认可。

我感恩有机会做这样的事，我喜欢这样用尽心血做到极致，我喜欢这样认真地生活，并和所有认真生活、努力拼搏的人一起，创造更加丰富、美好的人生。

赋予使命感，环保爱地球

2015年，一本《从0到1》的书几乎垄断整个创投圈的必读书单。书中多次提到的幂次法则，更是被不少人奉为经典。

“人生中的幂次法则：幂次法则不仅对投资者很重要，它对每个人也很重要，因为每个人都是投资者。一个创业者只要花时间打理一个初创企业，就是在做重要投资。因此每个创业者必须思考他的公司以后是否会成功、会有价值。同样，每个人都是投资者。你之所以选择一份职业，是因为你相信自己选择的工作在今后的几十年中会变得有价值。你不只拥有自己生命的代理权，还拥有这世界上某个重要角落里的代理权，而这一切都要从抵制不公平的概率主宰开始，因为你并不是一张被概率决定命运的彩票。你应该将全部的注意力放在你擅长的事情上，而且在这之前要先仔细想一想未来这件事情是否会变得很有价值。”

我擅长的是什么？并购。

事实上，世界500强基本上都是通过并购完成的，与很多投行界的专家们相比，虽然我的经历仍显不足，但我告诉自己，勇敢地去做，终有一天会成功。创业时我反复地问自己：想要什么？我要做有益众生的事情，有益中国的事情。聪明且有才华的人很多，但是上天只会把财富交给有大爱的人去管理，因为一旦拥有了财富就拥有了财富的分配权力。在修成富贵的过程中，正知正念的人才会被留下，大浪淘沙。

并购不仅是投资手段，也是战略手段。始于战略，终于整合。头脑和美丽是最强大的组合。

正是出于这种利益众生的使命感，我和我的团队扮演了迅宝工业园的“白衣骑士”。所谓的“白衣骑士”，是指目标公司在遭到恶意收购袭击时，主动寻找第三方即“白衣骑士”来与袭击者争购，造成第三方与袭击者竞价收购目标公司股份的局面。显然，“白衣骑士”的出价要高于袭击者的原始出价。

之所以要并购迅宝，更主要的原因是迅宝的经营理念体现的是真正的利益众生，回报社会。

我们生活的环境里，雾霾笼罩着上空，生活中充斥着各种污染，迅速发展中的中国不仅仅是世界工厂，更是世界各地垃圾回收厂的目的地。塑料加工在中国有着难以想象的庞大市场，很多村子都以加工“洋垃圾”为生，来自美国、法国、日本、英国等国家的医疗垃圾、各种废旧塑料以每吨不足百元的价格被“抢购”到中国，经分拣后再加工成塑料制品的原料，送往国内很多加工企业，做成玩具、生活用品，再出售，就这样形成了一个恶性的死循环。美国国际贸易委员会的数据显示，近10年间，中国从美国进口的垃圾废品交易额已逾百亿，整整翻了16倍。

迅宝公司成立于1998年，是国内环保食品容器行业的龙头企业，用食品级别的天然无机物替代传统塑料，自主研发的PGM环保食品包装容器是在230℃以上高温条件下制造而成，具有耐热130℃的特性，可将热食品直接装入盒内，放入微波炉里加热，不会熔解或变形，是一种无菌的卫生食品包装容器，且可在自然环境中自动降解，不会对自然环境产生任何污染。凭借着过硬的产品品质，迅宝与包括肯德基、必胜客、吉野家、沃尔玛在内的多家国际知名快餐企

业建立了良好的合作关系。2005 年 11 月在深圳市龙岗区的金葵工业区投资建立了国内最大的环保食品容器生产基地——迅宝工业园，成为目前国内最大的环保食品容器生产基地。

2015 年，因债务问题濒临破产的迅宝工业园，成为几家资本大鳄眼中的“肥肉”，毫无疑问，其拥有的 15 万平方米的工业园用地是这块“肥肉”的最大利益点。可在我眼中，迅宝最大的价值在于它作为一家环保行业的龙头企业，多年来一直不断精进技术，目前已成功申请国家专利 25 项，在全球 23 个国家注册了商标，拥有 CNAS 认可的检测中心，以及与中科院合作建立的研发中心。这些专利技术为保住青山绿水，为环境保护做出了贡献，也在国内外树立了中国品牌的权威。

虽然深圳的土地资源寸土寸金，但这些技术和产品更为珍贵。

为了保住这个庞大的生产基地以及这些专业的技术和人才，我也参与了这场多方激烈竞争的收购大战。最终，我们提出的重整方案获得了迅宝绝大多数债权人的认可，并通过法院破产重整程序成功收购了迅宝系的三家企业，给迅宝注入了新鲜的血液，让迅宝再次焕发生机，重新回到了生产经营的正常轨道之中。

企业的发展没有退路，唯有打败对手，赢得战争。

如今的迅宝，在深耕国内市场的同时，还加快了海外市场的拓展。包括迪士尼乐园在内的一批知名新客户已经开始与迅宝达成合作意向，中东、北美等地区市场的拓展也日渐成功。

天空是小鸟的家，河流是鱼儿的家，地球是我们的家。

很多人认为环保是一个企业不得已要做的事情，是一个企业额外需要支付的成本，其实不然。有调查显示：在全球范围内，有 72% 的企业 CEO 认为企业的社会责任应该成为他们企业的战略目标和运营的核心。环境保护，很显然寓意着企业应

当承担相应的社会责任。IBM公司在名为“绿色中国”的白皮书中指出：“利益相关者已经开始关注更为广泛的环境问题。那些能够把环境和社会挑战转化为商业机遇的企业将在市场中占据有利地位。企业社会责任不仅仅是为满足制度与监管的要求，它将成为企业培养差异化竞争优势的平台，会帮助企业顺利进入新兴市场，并最终支持企业实现长期的、可持续的增长。”

迅宝坚信其每一次的产品革新以及新型产品的研发都将推动食品安全的发展。未来，迅宝企业将秉承发展的理念，坚守环保的社会责任和使命，在日益激烈的市场变革中不断前进。

渺小的人，
也能创造巨大的改变

作为一个默默无闻的个体，我们经常会有这样的错觉，在世界上无数的人当中，我们只不过是沧海一粟，简直渺小到不能再小了，所以无论我们说什么、做什么都是没有意义的。很多人秉承着这样的错误理念，一次又一次地与成功失之交臂。

在芭比动漫的系列中有这样一个故事：在一片郁金香花园中，住着一位小精灵——心宝莲娜，她和其他的精灵快乐地生活在自然中。在这个神奇的国度中，处处山花烂漫。心宝莲娜和她的朋友们与世无争地在大自然的怀抱中自由自在地生活着。一天，心宝莲娜带着两个朋友出去玩，却不小心被一个名叫麦姬娜的人类女孩连根拔起了她们藏身于其中的花朵。麦姬娜一时心血来潮，把这些花朵带到了她在市区里的一所豪华寓所里。在那里，花仙子们得知了一个可怕的计划，一旦这个计划付诸实施，小花国将会面临覆顶之灾！借着自然的魔力，心宝莲娜决定带头展开行动保卫家园，她联合朋友们，向麦姬娜一家展现了自己非凡的勇气与决心。她们凭借自身的努力，最终拯救了美丽的花园。

由此可见，即使渺小的人，也能创造巨大的改变。

所有的渺小者都不是想象的那样微不足道，没有发生质变也许只是时间问题。在这个迅速发展的社会中，作为开拓者的我们，与其花费大量的时间来抱怨生活，自怨自艾，还不如大胆承认自己的渺小，一步一个脚印地去从小事做起，一点点积累，最终修建一座属于自己的“万里长城”。“不积跬步无以至千里，不积小流无以成江海”，今天渺小的你，可能就在孕育未来能创造巨大改变的温床。

平凡的人通过自身的坚持和勇气，创造了巨大改变的故事比比皆是。抗战时期，我们的前辈征服了寒冷的雪山、荒芜的草地，战胜了自然。在这漫长的征战中，多少英雄儿女在途中牺牲，我们甚至不知道他们的名字，但正是这些渺小的人，改变了时代，创造了新的世界。1955年，美国蒙哥马利市的黑人女裁缝罗莎·帕克斯因为拒绝在公交车上给白人让座而导致了当代民权运动，带领弱势群体向社会主流争取到了被平等对待的权利。

我特别喜欢《霍比特人》这本书，本书所讲的故事，算是《指环王》的前篇——索隆

还没有蠢蠢欲动；比尔博·巴金斯还没有拿到魔戒，还没有成为那个自私的小矮人；甘道夫还没有变成至尊白袍法师。

故事一开始就是比尔博·巴金斯在给佛罗多讲一个远古的神话故事：巨龙吞噬了矮人国无尽的财宝，精灵族见死不救。巨龙守护着那些巨大的财宝，无数的种族觊觎着。甘道夫组织队伍，踏上了寻找宝藏、捍卫家园的征程。

《指环王》中那个有点神经质的咕噜的出现，让大家找回了前作带给我们的记忆。咕噜那邪恶的语调，那经典的碎碎念，让人不禁为小巴金斯捏了一把汗。中土世界旅途中困难重重，行走在各种光怪陆离的山脉中，穿梭在深不可测的洞穴里，对抗奇形怪状的生物如食人妖和半兽人，一不留神就丢了性命。所以智慧、勇气和团队精神在这里尤为重要。作为组团出游，比尔博初期的表现实在太囧，团队两次遭遇围捕和袭击，这个霍比特人成了扫把星，要不是导游甘道夫及时解围，不知还能囧到何处。不过到最后，霍比特人终于诠释了“最渺小的人也能创造巨大的改变”这一伟大哲理。当比尔博智斗咕噜以及扑向即将给索林致命一击的半兽人首领时，这股保护同伴的勇气终于爆发并发挥出强大的力量，战胜了强大凶残的邪恶势力。

上天赋予我们渺小的身躯，但渺小不等于弱小，渺小也能点亮世界，铸就成功。“离离原上草，一岁一枯荣。野火烧不尽，春风吹又生。”这是草的精神。不起眼的、平淡无奇的、极其渺小的小草精神。暴风雨里，高大挺拔的大树被连根拔起，鲜艳美丽的花朵已花残叶败，而小草却以一种有力的力量同暴风雨做斗争。最终战胜暴风雨，昂首挺胸地沐浴雨后的阳光。

多少年来，生灵们都在平凡中孕育奇迹，在“疑无路”中找到“又一村”，在枯竭中发现丰盈，在渺小中创造伟大。麻雀虽小，五脏俱全；蝴蝶再渺小，也能装扮春天；苍翠的玉竹，宁折不弯；小小的蚂蚁，力大无穷，身披勇士豪情。

不管我们现在如何，或许渺小，也或许不起眼。但有句话教导我们不要相信命运——“是金子总会发光的”，要相信自身的实力。渺小的我们，需要的是一种不屈不挠、拼搏奋斗的精神。

是时候开始改变了，再渺小的你也是伟大的承载体。趁着还有大把的青春时光，赶快摆脱那种“我毫无用处”的消极观念，远离懒惰和不思进取，让你的一小步，成为你美好生活的全新起航。

渺小的人，也能创造巨大的改变。

创新，想象力可以改变世界

创新并不是一种天赋，而是每一个人都有的种子。

创新的精髓就在于“新”字，新的方法，新的思想，而这些必定是前所未有的。

翻开人类历史的长卷，有多少伟大的科学实践者正是通过点燃“创新”这盏明灯，驶向成功彼岸的。大约 2300 年前，希腊一位伟大的思想家——亚里士多德，认为物体落下的速度和重量成比例。约 400 年前，意大利的科学家伽利略并不因为亚里士多德说过了什么就轻易相信，他通过实验，推翻了亚里士多德的观点，建立了自由落体定律：一切物体如果不受空气的阻力，在同一地点做自由落体运动，加速度都相同。正因为伽利略有如此的创新精神，才建立了物理学中的自由落体定律、惯性定律，并发现了抛体运动规律、摆振运动规律等。

罗杰·培根曾经说过：“只见汪洋就以为没有大陆的人，不过是拙劣的探索者。”这些“拙劣的探索者”之所以失败，根本原因在于他们没有创新的精神。科学发明需要创新精神，学习同样需要创新精神。英国有个人叫亚克敦，可谓是世界上读书最多的人，他阅读过的书不计其数，可最终却毫无建树，原因就在于他没有将书本知识加以创新，转变为自己的思想和能力。

马克思曾把想象力称为“十分强烈地促进人类发展的伟大天赋”。伟大的想象力是我们人类相比其他物种优秀的根本原因。因为有想象力，我们才能创造发明，发现新的定理；因为有想象力，我们才能有动力不断尝试无法做到的事；也是因为有想象力，我们才能创造出如今繁荣的现代人类社会。

远的不用说，就说飞行，这是近代人类才能做到的事。但是对于飞行的想象，人类却从来没有停止过。从最初人们幻想像仙人一般腾空而起，到中古时期借助各种器具尝试飞行，再到近代人类模仿鸟类制造出真正的飞机，想象力在人类实现飞行的过程中不断帮助人类前进。只有先想到，才能尝试去做，如果连想都不去想，根本就没有可能做到。

人类的聪明才智，都是由最初的驱动力——想象力，不断引导，不断试错，不断前进，才让那些天才发明出这些跨时代的作品。可以说，没有想象力，人类的进步将会变得无比缓慢。而正是有了想象力，我们才不仅在物质生活上极大丰富，同时在精神与文化生活上也获得前人达不到的高度。

1965年，美泰公司成为《财富》杂志的500强企业之一，统治了竞争激烈的玩具世界，控制了当时美国20亿美元玩具市

场 12% 的份额。时至今日，芭比的销售量依然在全球玩具市场独占鳌头，平均每秒钟就可以卖掉两个。芭比的销售区域遍及全球 150 多个国家和地区，年销售额达 60 亿美元。据统计，美国的女孩子平均每人拥有 10 个芭比，如果把已经销售出的所有芭比娃娃连接起来，可以围绕地球 7 圈。据不完全统计，目前全世界拥有芭比娃娃的人已经超过10亿。

芭比的出现，不但为美泰玩具公司带来可观的收入，而且巩固了其玩具市场的霸主地位，它改写了玩偶的历史。那么如何在雄踞市场数十年之后仍保持着领先的地位？这个问题的答案是那些有着悠久历史的大公司都想知道的“秘诀”。

现如今，市场在变，流行趋势在变，大众的需求也在变。在这样的市场环境下，“以不变应万变”是根本行不通的。进入21世纪，随着互联网的快速发展，崭新的网络游戏层出不穷，这种视觉冲击力，不仅征服了儿童，连成人也成了它的门下之徒。网络游戏的出现打破了传统的品牌竞争模式，使传统玩具市场遇到了极大的挑战。在这样的背景下，美泰公司也面临着如何在日趋激烈的竞争环境下保持持续领先的问题。在同业营运情况每况愈下的情况下，我们却发现美泰公司的收入逐年递增。这又是靠什么“法宝”呢？

原来，芭比长盛不衰的秘诀正在于她多变的风格和跟随时代步伐的精神。潮流和时尚总在发生变化，孩子们的喜好也在不

断改变，美泰公司的诀窍就是跟随市场的变化而变化。从巴黎的古典风尚，到肯尼迪夫人的潮流造型，再到年轻的运动气息，美泰公司一直在捕捉每个阶段的时代潮流。20 世纪末，芭比娃娃走进了互联网，孩子们可以在电脑上对她们心中的芭比娃娃进行设计以及服装搭配。

对于企业来讲，创新是促使企业发展的一剂良药，也是企业生存与发展的根本。创新则兴，不创新则亡。美国著名经济学家、管理大师熊彼特说："创新是企业家对生产要素的重新组合。"创新可促进企业组织形式的改善和管理效率的提高，从而使企业不断提高效率，不断适应经济发展的要求。目前市场竞争激烈，企业只有永远领先，才能谋取更多的利润。

对于个人而言，常有人感叹机会越来越少。事实上，社会的发展带来更多个性化、多元化的需求，需求越多，机会越多。人总是了解自己知道了多少，不了解自己不知道的有多少，如同一个圆，已知的在圈内，未知的在圈外，而未知的要远远比已知的多得多，这就意味着我们可以去创新的空间还很大。就汽车行业来说，它的发展可以带来与之相关的产业链的发展，如汽修、汽配、洗车、汽车装饰、旅游休闲等。每一个产业的每一个价值链需求都可以是一个创新的机会，也是潜在的财富。

创新并不是很神秘，别人想不到的，别人不愿做的，别人做不好的，你想到了，你愿意做了，你做好了，这就是创新。

史蒂夫·乔布斯，IT界的神话。这个硅谷商业家仿佛拥有强大的魔力，使一批批狂热的年轻人成为“果粉”。他的到来是一场IT界的革命，对他我也仰慕已久。

乔布斯的一生都与“创新”一词紧密相连，他陪伴了苹果公司数十年的起落与复兴，先后领导和推出了麦金塔计算机、iMac、iPod touch、iPhone、iPad、Apple Watch、Mac book等风靡全球亿万人的电子产品，深刻地改变了现代通讯、娱乐乃至生活的方式。乔布斯是改变世界的天才，他凭借敏锐的触觉和过人的智慧，勇于变革，不断创新，引领全球资讯科技和电子产品的潮流。

是创新让“苹果”脱颖而出，是创新让乔布斯成就梦想。纵观乔布斯的一生，他生命中迈出的每一步都在掀起一场产业界技术与创意运用的新风暴。中国有句老话“时势造英雄”，乔布斯固然是信息革命大背景下的受益人，但正由于他创意不断的睿智理念、孜孜以求的创新精神，人们更愿意把他看作开启时代大幕的创造者。

创新并不遥远，它其实就在我们身边，只要你有足够的责任心，创新的意识就会渗透在你工作中的点点滴滴。日新月异的社会中，一成不变、安于现状就意味着失败。只有不断突破自己，超越自己，不断地创造出新的硕果，我们的事业才能蒸蒸日上。

正直的人决不胆怯，与时代共命运

中华民族有许许多多的传统美德，为人类传承文明，树立新风奠定了良好的基础，正直就是其中的一种。居庸关城隍庙大殿有这样一副楹联：“做个好人，身正心安魂梦稳；行些善事，天知他鉴鬼神钦。”正直是做个好人的首要条件。行得正，走得端，才能“身正不怕影子斜”。

左：陈玮
右：宿南南

岳飞，精忠报国是他少年的志愿，他为此踏上征途。他“智勇才艺，古良将不能过”，写下千古绝唱《满江红》。“三十功名尘与土，八千里路云和月”，何等的壮志凌云！“壮志饥餐胡虏肉，笑谈渴饮匈奴血”，如何的气吞山河！英雄本色，飞跃云天。

杜甫，漫漫长路，谁在弹奏忧国忧民的千古绝唱？破旧草堂，谁在用诗诠释背井离乡的悲苦愁肠？他的赤子之心，照耀着唐代盛衰，化为一腔怒火，燃尽腐败和丑恶。他的诗篇铭记在人们心中，化作一股热泪，洒遍祖国河山。“安得广厦千万间，大庇天下寒士俱欢颜。”他忧愁的身影定格在历史长廊，化为一颗明珠，照耀在诗坛之上。

屈原，正道直行，自沉汨罗，一篇《离骚》震撼天地。

壮哉，多少仁人志士挺起正直的脊梁，撑起了华夏一片明净的蓝天。

正直，容不得雕琢与虚伪，也不怕流言与暗箭，它是一种信仰，一种情怀，更是人格的自我锻冶。

1912 年，宋美龄到美国威尔斯利女子学院留学，她主修英国文学，兼修哲学，选修法语、音乐、天文学、历史学、植物学、英文写作、圣经史和辩论术，还在佛蒙特大学选修过教育学，她成绩优秀，热爱体育，几乎是德智体美劳全面发展的典范。

她练就了一口流利而优雅的美国南方口音英语。1943 年 2 月 18 日，她在美国国会上发表了 20 分钟的演说，成为美国历史上最著名的国会演讲之一，她是第二位登上这个讲坛的女性，轰动美国。

凭借着不惧困难的顽强意志力，宋美龄用这一个个的巨大成就，成为全世界人民心目中“钢铁般的花朵”，她也成为我心中的偶像。她让我坚信，内心的勇敢和坚持，才是我们战胜困难的根本力量，我们看到的那些勇敢并且完美的人，都是不曾屈服、负重前行的人。

创业的道路上总会遇到挫折，只能靠着自己的智慧和努力去拼搏。面对这些困难，我总是会想到这么一句话：“有德必有勇，正直的人决不胆怯。”这是莎士比亚的名言，也是我内心坚持的信念。

左：宿南南　中：石凯　右：贡海斌

有一次我去收购一个项目，我付了一部分款项后，不料对方突然违约，仗着自己有一些社会背景，看我是个女人，在谈判时对自身的

违约不说，言语间还甚是嚣张。面对这种情况，我心中不曾有任何的胆怯，坚持不让步。我打算用法律保护自己并维护公司的利益，对全体股东负责，于是我马上聘请专家律师团足足打了半年的官司，最终把项目成功地拿回来。

有人问我，面对这样的压力和威胁，你当时有没有害怕?我非常肯定地告诉他们，当伪善与虚伪的面具招摇而过时，我要守护正直。我完全忘记了害怕，我绝不能低头屈服，我一心想着要对公司和股东的利益负责。

左：宿南南
右：史蒂文·洛克菲勒二世

“正直意味着有勇气坚持自己的信念。这一点包括有能力去坚持你认为是正确的东西，在需要的时候义无反顾，并能公开反对你确认是错误的东西。”这是网络对于“正直”一词给予的解释。

在种种困难面前，我也不曾害怕，因为我相信社会发展到今时今日，成功一定是属于心有正能量的人。公平、正义、诚实、守信，这些是一个社会的良知和底线，如果任何人都可以跨越这条底线，那这样的社会不会有任何的成功和进步。

当然这也警醒我们，做人一定要做一个正直、善良的人；做事一定要正派，堂堂正正。这些都是立身之本、处世之基。身正不怕影斜，脚正不怕鞋歪。只有端正品行，做人才有底气，做事才会硬气。

时至今日，全世界没有任何人可以否定中国的巨大进步与经济成功。我更加坚信，守住这样的底线，认真做事，谦虚做人；菩萨心肠，雷霆手段，一切正义都不会缺席。

像芭比娃娃一样生活

LIFE AS BARBIE

Chapter 05
爱是一切能量的源泉

芬芳别人的同时美丽自己

每个人都是尘埃里的花朵，总会有属于自己的芬芳，在风里散发流淌，把生活，把世界，变成馨香的海洋。人性中，都有芬芳的部分，我们只需借来一缕清香，就可以点染整个世界。只有敞开心扉，才能让自己的人格魅力焕发，不仅美丽了自己，更能感染他人，才会感受到生活的美好。

雨果曾说过："人间如果没有爱，太阳也会灭。"内心拥有爱的人总是会给人阳光，给人温暖，给人希望。爱是生命的火焰，没有它，一切都将变成黑夜。拥有爱的人是幸福的，爱别人，也被别人爱，这就是一切，这就是宇宙的法则。为了爱，我们才存在。爱是一切能量的源泉，有爱慰藉的人，是勇敢的人，无惧于任何事物、任何人。爱是真实的付出和感恩。爱是恒久忍耐与恩慈。爱是不嫉妒，爱是不自夸、不张狂、不求自己的益处、不轻易发怒、不计算人的恶、不屈服不义，只崇尚真理。凡事包容，凡事相信；凡事盼望，凡事忍耐，爱是永不止息的。

爱可以让一个人每天都拥有粉色的心情，拥有甜美、温柔、纯真、烂漫的笑容。我很幸运在我成长的经历中学会了如何去爱。来到这个世界是幸福的，遇到那些可爱的人，做过那些可爱的事，在我的脑海中留下了一串串美好的回忆。

我生活在一个幸福的家庭，父母从小就用语言、行动告诉我什么是善良：对街上的乞讨者给予物质上的帮助，对别人的错误给予宽容，对病人给予精神上的安慰。我在效仿，在学习，也在感悟这种善。

儿时，我和小伙伴常常去树林里玩，寒冷的冬天，在林间的雪地上经常会看到有一些死去的小鸟。我不禁在想：这些小鸟到底是怎么死的，是冻死的或饿死的，还是被猎人打死的？白茫茫的雪地里，小鸟孤零零地躺在雪里好可怜。风雪中的小鸟一定又冷又饿吧，我好心疼它们，爸爸妈妈告诉我小动物也需要精心去照顾，于是我和小伙伴们为死去的小鸟举办葬礼，把它们埋葬好，树立一个没有名字的小木牌为碑，为它们祈祷。夏天时会采很多的鲜花去看望它们，把碑前布满鲜花，告诉它们，我爱过它们，怀念它们。即使是最卑微的生命，也应该值得尊重与敬畏。这件事情对于儿时的我来说，是一件非常有意义的事情。有人说埋葬或放生鱼鸟，它们转世会变成贵人来帮助你。

上小学的时候，学校门口有位卖瓜子的老奶奶，花白的头发，布满皱纹的脸上满是沧桑，无论刮风下雨，每天都在学校门口卖瓜子，看着令人很心酸。我会把妈妈给我的零用钱都用来买老奶奶的瓜子，小小的举动，希望带给老奶奶一丝温暖。

我们学校还经常组织一些捐助活动，来帮助贫困山区里的孩子们。生活在城市里，衣食无忧的我们，也许并不特别了解贫困山区孩子的生存状况。他们从来没见过彩笔，从来没有过像样的玩具，甚至都没有一套干净的衣服。妈妈是个特别热心的人，她会挑选一些我的衣服，洗得干干净净，叠得整整齐齐，还拿一些文具和书本，让我捐助给需要帮助的人。

给，就是一种舍，我们在给别人的时候，就是在舍自己的某些东西，如时间、精力、关怀、财物等。而这些舍，同样会使我们有所得到。每个人都不是独立地在这个世界上存在，每个人都会遇到困难，遇到自己解决不了的问题。这个时候，我们就需要向别人求助，如果我们能得到别人帮助，那么我们就会心存感激，希望他日自己也可以为别人做些事情。同样的，当我们帮助别人时，别人也会心存感激，希望他日伸出援助之手，帮助我们。

现在我经常因为工作要去到深圳出差，每次我都会选择四季酒店入住，他们的服务很好，每次回去他们都会说：宿小姐，欢迎您回来。由于经常飞来飞去，嗓子时常不舒服，四季酒店的服务人员会很贴心地在我房间放一些熬制好的雪梨汤。他们也会在能力范围之内帮我升级视野更好、户型更舒适的房间。这些工作人员太可爱了，我们慢慢成为朋友。我在想，到底是什么样的企业文化能培养出这么优秀的团队呢？于是我试着去了解这个世界顶级酒店的品牌文化，原来，优秀的经理人会把关爱客户的理念深入到团队的每一个人心中。我对她们说我的公司随时欢迎你们的到来，如果有一天想换个环境，不如来我公司试一试。现在我公司的行政主管就是来自四季酒店的，她把她的经验和专业带到我的公司，并对所有的员工进行培训。

雨天下飞机时会碰到热心人帮助我撑伞；出国行李多时会有热心人帮忙提行李。有时候一个善意的微笑，一个随手的善举都可以温暖人心，虽然有些人只是一面之缘，可这种温暖却可以在心头久久停驻。

爱默生说：“人生最美丽的补偿之一，就是人们真诚地帮助别人之后，同时也帮助了自己。”我们在帮助别人的时候，也就是在帮助我们自己。

人类的生活条件越来越好，生存环境却日渐变差，雾霾的空气，使用农药的蔬菜，巨大的生活压力，使每个家庭似乎都会遇到癌症患者，这些可怕的疾病离我们越来越近。高昂的医药费让这样的家庭不堪重负，沉重的负担压在了年轻一代的身上。我不希望看到我们公司的员工为了给父母治病四处筹钱，他们是为公司付出的优秀员工，如果有一天他们需要医疗费用时可以向公司申请借款，不需要任何的信用评级，忠诚、付出、敬业就是最大的信用，我相信每一个员工。

“赠人玫瑰，手有余香”，一件很平凡微小的事情，哪怕如同赠人一支玫瑰般微不足道，但它带来的温馨会在赠花人和受花人的心底慢慢升腾、弥漫。

慈善是高尚人格的真实标记

中华民族是一个热情仁爱、乐善好施的民族，中国的慈善思想源远流长，自古就有乐善好施的传统。儒家的孟子说，“老吾老以及人之老，幼吾幼以及人之幼”；道家的“劝善之书”中列举了“收街市弃儿、普济应验汤药、修桥铺路”等多种慈善方式；佛教传入中国后，更是提倡无边的慈爱和宽泛的悲悯。

人类是万物之灵长，慈善乃为人之情怀。

世界上有富人，他们掌握着巨额的财富；世界上也有穷人，他们的生存异常艰难。富人的慈善，就如同雪中送炭，温暖心灵。比尔·盖茨夫妇的慈善之举，让世界为之感动。

慈善不仅仅是富人的天职和义务，也是企业绕不过去的社会责任，更是全社会共同的事业，它应植根于每个人的心中，应是每个人从内心深处发出的对他人的同情与关爱。慈善捐赠归根结底捐的是滚烫的善心。

我身边的朋友经常参与慈善活动，我的先生曾经为了帮助别人卖掉了自己心爱的奖杯，地震时跑到灾区去送食物、水、

帐篷。他常常说慈善不是等你有了钱才去做。一个平凡的人，即使没有宽裕的经济基础，也不代表他没有帮助别人的能力。慈善事业的最终目的不在于给予了多少，而在于你有没有一颗同情和善良的心。

近年来，媒体报道了很多关于留守儿童的被害事件、自杀事件。他们的爸爸妈妈常年在外务工，大多都是被爷爷奶奶带大。他们敏感又尖刻，孤僻又自卑，当我看到这些新闻时非常

痛心，社会上有那么多无辜的可怜的孩子们，我在想，我能为他们做些什么？

一个人的力量有限，于是我和香港中文大学的几个志愿者共同发起了援助留守儿童的活动。我们把目标锁定在贵州，在贵州地方领导和老师的帮助下进行家访，找寻需要帮助的留守儿童。为此，我设立了“一对一”的帮扶计划，资助一个孩子每年的费用是2000元，爱心人士可以根据自身的情况对孩子进行资助。这些善款的每一分钱都会花在孩子的学习和生活上，就这样，凤凰会爱心天使活动正式开始了。

我开始在朋友圈发布这些留守儿童的情况和我们的捐助计划，大量的爱心人士纷纷加入，并伸出了援助之手，经过我们的努力，一年下来有上百名留守儿童得到了帮扶。我的很多明星朋友也加入进来，支持并呼吁大家共同关爱留守儿童。孟广美说钱可以不赚但慈善不能不做，她已经连续好几年都在资助这些小朋友，并且很关心他们的学习和生活；林申说他赚的第一桶金就用来做慈善，只要时间允许他一定多去山区看望孩子们；莫少聪说哪里的路最难走他就去哪里……只要能帮到孩子们就是幸福的；世界小姐张梓琳在孕期仍坚持为孩子们录制视频，把关爱传递给孩子们。

工作之余我也会到山区看望孩子们，我想走进他们之中，倾听他们的心愿，感受他们的生活。崎岖的山路，破烂不堪的房屋，家里没有一件像样的家具；孩子们的鞋子早已磨破，却还是舍不得扔掉；一双双粗糙的、黑黑的小手看起来已饱经沧桑。这群孩子们本该无忧无虑地享受这个年龄该有的快乐，却因为现状不得不过早扛起了家庭的重担，他们肩上的负担太重，太重……看到这些，我深深为之触动。

回来后我调整了帮扶计划，除了对孩子们进行“一对一”的帮助，我们的爱心天使们会定期到山区看望孩子们，给他们发放生活和学习用品；根据不同困境儿童的情况，为他们申请各种社会保障，并定期家访；组织并开展各种关爱活动、讲座，提高孩子们的安全意识和自我保护意识；定期为孩子们举办各种聚会活动，防止孩子们产生自卑和孤僻心理。

付出终将会有回报，在社会各界爱心天使们的帮助下，一年下来，当我们再次走进山区看望孩子们时，眼前是这样一幅景象：孩子们换上了干净的校服，小脸不再脏兮兮，久违的笑容又绽放在孩子们的脸上；他们变得活泼起来，爱玩爱闹，属于他们世界里的天性已经释放，这些改变对我们来说甚是欣慰。一张张优秀学生、三好学生的奖状，一封封感谢信，一幅幅色彩斑斓的画，孩子们用这些来对我们的捐助表示感谢。每一幅画我都会保留，在我看来这些看似简单的作品，却承载着孩子们被温暖的心。

在我们的捐助过程中，“宏宇小学”创办人李校长的故事让

我印象最为深刻。早在2000年，大量农民工进城务工，使得贵阳市当地社区人口非常复杂，有3000个农民子女未能进入公办学校，虽然附近开办了两所民办学校，接收了1000多个孩子，但还有2000个孩子不能完成上学的心愿。当时李校长已经退休，但他不忍心看到这样一个庞大的群体缺失教育，于是李校长自己出资创办了这所宏宇小学。校长为了给孩子们营造一个好的学习环境，花掉了自己所有的积蓄，给同学们建立了图书馆、电脑房、实验室等，在校生最多的时候有1000多名。

后来宏宇小学被纳入开发社区范畴内，执着的老校长说什么也不让开发商拆迁，他知道，如果学校没了，就意味着上千个孩子没有学上了。这样的抗衡终究是无效的，开发商还是强拆了学校，这深深伤透了老校长的心。随着城乡建设的兴起，学校先后两次被拆迁。但是老校长的意志仍然非常坚定：“为了这些孩子们，我还要继续办学校。”对于这所小学，我们一直在给予捐助，可爱又可敬的老校长，向我们诠释了慈善的真正含义。

说到李校长，我不禁想到一个如雷贯耳的名字——邵逸夫，在过去30年里，邵逸夫出资修建的“逸夫楼”遍布中国31个省、市、自治区，大大小小的学校，堪称一代国人的共同记忆。在硬件设施缺乏的中国改革开放初期，邵逸夫的捐款可谓及时好雨。“中国要强大，教育太重要了。我看到国家教育事业在进步，心里很高兴呀！我的捐款重点在教育，培养人才，做些实际的事情，这是我的最大心愿！”邵逸夫生前曾这样说。

2008年，中国民政部授予邵逸夫“中华慈善奖终身荣誉奖”，赞扬他长期致力于慈善事业的精神。香港《大公报》这样回顾邵逸夫的一生：“他热爱国家，热爱香港，有钱却不奢侈挥霍，成功但从不自负于成功。他生活简单，习练气功，自带盒饭参加宴会。他不专横，更不轻易批评和否定他人。作为回报，社会也向这位成功而慷慨的人士奉上欣赏和尊重，尊重他对国家和家乡的热爱，他的美德善行和他的事业成功。”

李校长做的慈善也许没有邵逸夫先生做的慈善事业那么有影响力，但是他们在我心中都是有大爱的慈善家。

慈善是一种习惯，一种信仰，一种情怀，一颗对善良世界执着而温暖的心。

慈善是长征，而且永远没有终点。未来，我会一直把慈善事业做下去。我也会带领更多人一起，倾心慈善事业，真诚奉献爱心。富不忘慈，济贫济困济世。

信仰比理智更有才华

历史上有大成就的唐太宗李世民、一代女皇武则天都是有信仰的人，他们如此的聪明、智慧、博学，堪称治国奇才并创造了极致的盛世，他们信佛说明佛学和国学一样，是一门智慧学科。

唐太宗李世民被玄奘西游，艰苦取经的事迹所感动。于玄奘回国的当年，敕命玄奘在长安的弘福寺翻译梵经，并为其所译的《瑜伽师地论》亲自撰赐序文《圣教序》，还命朝中书法大家褚遂良抄写，并勒石镌碑。把此碑立于西安南郊慈恩寺大雁塔下，就是今日著名楷书法帖《雁塔圣教序》的原石。与此同时，李世民还命当时的著名书僧怀仁，以王羲之书迹，集摹《圣教序》文。以求以中华书圣之书，弘扬佛教文化，表彰玄奘的壮举。《圣教序》是仅次于《兰亭序》的王羲之行书法帖，可谓声名远播，影响力超越了佛教界。

武则天非常喜爱《华严经》，题了四句“开经偈”。这四句偈实在做得太好了，以至于没有任何一位高僧大德能超越。武

则天因体会经义的玄妙稀有，非常欢喜，故有感而发写下开经偈。其偈文是“无上甚深微妙法，百千万劫难遭遇，我今见闻得受持，愿解如来真实义。”连毛泽东都对武则天十分佩服，封建社会女人没有地位，她可以当皇帝很不简单，她既有容人之量，识人之智，又有用人之术。她很有智慧又有自知之明，是个有作为的皇帝。

华人首富李嘉诚先生也斥巨资 15 亿建寺庙。李嘉诚的母亲是一位虔诚的佛教徒，在她的教导下，李嘉诚从小“崇佛”。努力奋斗的人很多，有才华的人也很多，有的人可以成就富贵人生，有 的人却依然在搬砖搬瓦。成功与宇宙的奥妙有关，勤奋只是最基本的要素。我不曾像寺庙中的居士一样每日做功课，我只是心怀敬仰天地的心，我们做的每一件事，别人看不到，但是我相信上天看得到。

我曾参与为星云大师办书法展，所有销售的资金全用于捐建佛光山。星云大师是一位智者，他一生无私奉献的精神值得我们尊重。我也曾参与佛涛先生书写巨幅金刚经巡回展，让更多的外国人了解中国的文化；还与几位好友共同发起唐卡绘本的发行，让更多的朋友与佛法结缘。

打开封尘已久的大门，初次走进迅宝的佛堂大殿，当华丽而庄严的菩萨屹立在眼前时，我受到了震撼。迅宝佛殿地理位置十分独特，三面环山，南面临海，地处深圳大鹏新区距海 2 公里处，空间上看仿佛是“海上莲花”，外形好似雄鹰展翅，共五层，佛殿面积 6000 多平方米，由主殿和护法殿构成。佛堂里供奉着生活在 8 世纪古印度的藏传佛教莲花生大师。大师原为印度的僧人，以神通闻名。应藏王赤松德赞邀请，前往西藏弘法，并调伏了黑教，使藏民得以改宗正统佛教。莲花生大师充满了许多神奇的色彩，在藏传佛教中信仰极为崇高，藏人尊称为“第二佛”。主殿同时供奉的还有藏王赤松德赞、国师堪布，主殿中的壁画是专门从西藏布达拉宫请了匠人，历时数年手绘的壁画，佛像和龙柱的喷绘耗费黄金100多公斤。不知为何，我有一种想哭的感觉，我被工匠的精神所感动，被菩萨的慈悲所感化。我俯身上香时突然下起大雨来，上完三炷香后，雨即刻停了，见到晴天下雨之象，我想或许是菩萨在显灵，或许是菩萨在等待我们的到来。我请人将佛堂周围的杂草除掉，把整个佛堂的大楼清理干净，心里默念愿菩萨保佑我们一切顺利。

工业园中移植了十几棵三千年的菩提树。“菩提”意为觉悟、智慧，用以指人如梦初醒，豁然开朗，顿悟真理，达到超凡脱俗的境界。佛祖也是在菩提树下“成道”，在印度，每个佛教寺庙都要求至少种植一棵菩提树。印度非常讲究菩提树的“血脉”，并以当年佛祖顿悟时的圣菩提树直系后代为尊。有种说法称，公元前3世纪，阿育王的妹妹砍下了圣菩提树的一段树枝，将其带到了斯里兰卡并种植成活。后来位于菩提迦耶的圣菩提树在阿拉伯人入侵印度时被毁，斯里兰卡的菩提树便成了维系佛祖渊源的“唯一血脉”。这些菩提树均从印度移植过来，难得珍贵。

在唐朝初年，僧人神秀与其师弟慧能对话，曾写下诗句：

“身是菩提树，心如明镜台。时时勤拂拭，莫使惹尘埃。”慧能看后回写了一首：“菩提本无树，明镜亦非台。本来无一物，何处惹尘埃。”

我要做的就是将此佛堂圆满。

用心经营家庭，爱出者爱返

哈佛大学 76 年的研究结果表明：只要遇到真爱，人生繁盛的概率就会显著提升。

幸福从何而来？金钱、名望或是成就感？哈佛开展了史上历时最长的成人发展研究，跟踪 268 位男性，从少年到老年，探寻影响人生幸福的关键。

故事从 1938 年开始，那一年，时任哈佛大学卫生系主任的阿列·博克教授，提出了一项雄心勃勃的研究计划，打算追踪一批人从青少年到人生终结，关注他们的高低转折，记录他们的状态境遇，点滴不漏，即时记录，最终将他们的一生转化为一个答案——什么样的人，最可能成为人生赢家。人生赢家的标准十分苛刻。主持这项研究整整 32 年的心理学者乔治·瓦利恩特说，赢家必须“十项全能”：10 项标准里有 2 条跟收入有关，4 条和身心健康有关，4 条和亲密关系和社会支持有关。这就是著名的“格兰特研究”。研究项目的名字缘于最初的赞助者，慈善家威廉·格兰特。

从 1939 年到 1944 年间，这项研究选择了 268 名当年正在

哈佛就读的本科生作为研究对象。这批人可谓“史上被研究得最透彻的一群小白鼠”，他们经历了二战、经济萧条、经济复苏、金融海啸，他们结婚、离婚、升职、当选、失败、东山再起、一蹶不振，有人顺利退休安度晚年，有人自毁健康早早夭亡。最后得到的结论是：爱是成功的关键。

瓦利恩特说，爱、温暖和亲密关系，会直接影响一个人的“应对机制”。一个活在爱里的人，在面对挫折时，他可能会选择拿自己开个玩笑，和朋友一起运动流汗宣泄，接受家人的抚慰和鼓励……这些“应对方式”，能帮一个人迅速进入健康振奋的良性循环。

“温暖亲密的关系是美好生活的最重要开场。”当然，并不是每个人都能有幸拥有美好童年，但好消息是，不论你今年多少岁，都有机会“在爱里获得重生”。

每个女孩都是公主，我相信在恋爱的时光中全世界一定充满了宠爱、浪漫、呵护。就像童话故事中的公主和王子那样走进了婚姻的殿堂，但是童话中从来没有写过婚后王子和公主到底过着什么样的生活——他们会不会吵架，有没有伤心过，有没有遇到过困难。在我看到的名人传记里，即便是像赫本这样的天使，婚姻都是如此的波折。那么我们是否还要去相信爱情？答案是：一定要相信。

走进婚姻的殿堂，家庭生活中不仅限于爱情，还有亲情。

由两个人的融合上升到了父母、子女以及两个家族的融合。结婚之后你会发现，生活中原来有那么多的人、那么多的事情需要你去顾及，顾及他们的生活和感受。女人除了工作还要经营家庭，父母的身体状况需要去关心，孩子的学习生活需要去照顾，丈夫的工作事业也需要去问候。但是只要用心地去做好生活中的每一件小事，这些问题便迎刃而解。女人一旦结婚了就真的会变成“女超人”。无论怎样，拥有家庭的女人总是会比常人幸福得多，同时也多了一份牵挂、一份关爱、一份责任和一份义务，你要做的就是经营好家庭。

家，可以比喻成花园，精心呵护，则百花齐放；不去关爱，则调零一片。相识是种缘分，而能在同一屋檐下生活，更是修来的福气。幸福的家庭都一样，都懂得经营，用爱包容。两个人在一起一定要互相尊重和理解，要有欣赏和崇拜。我先生爱好书法、练武、吹萨克斯。我们会修建练功房，放好木人桩、十八种兵器、跑步机，用来锻炼身体；也会选好宣纸、毛笔、砚台支持他的兴趣。男人的品位在于女人的熏陶，配好烧水的银壶、宋代的建盏，我会把他的书法创作在紫砂壶上。家，是心灵的港湾，每次在外奔波身心疲惫时，回到家里只想过简单轻松的生活。我们会经常一起品茶，一起看电影，一起看书。他同样也是大男子主义者，有着极强的保护欲，每次我在外面受了委屈时，他都会为我遮风挡雨。在他看来，一个男人如果

连自己的女人都保护不好就算不上真正的男人。

马克·吐温曾讲过："生命如此短暂，我们没有时间去互相争吵、道歉、伤心、斤斤计较，我们只有时间去爱，一切稍纵即逝。"

经营家庭要像经营一项你所热爱的事业一样，需要时时刻刻对之倾注热情和爱。家庭中的每个成员都要以大局为重，少点计较，多点宽容；少点抱怨，多点理解；大事化小，小事化了。让亲情超越个人的小利益，人人平等地享受家庭的温暖和快乐。

用心经营好自己的家庭，让爱永远伴随。

母爱是世间最伟大的力量

从古到今，母爱是人类永恒的主题。有人说母爱似山，厚重伟岸；有人说母爱像水，温柔敦厚；有人说母爱是天，宽广无边；有人说母爱是地，将我们高高托起。

家庭是温暖的港湾。有人说：世界上的一切光荣和骄傲，都来自母亲，母亲的伟大是无法衡量的，母爱是世间最伟大的力量。母爱沉浸于万物之中，充盈在天地之间。

孝庄皇后是母亲中的典范，她是一位深知以柔克刚之精髓的女人，用她的智慧保全了儿子的江山，并培养出一代明君康熙大帝。她在政治斗争中，展示出了卓越的政治才华，并成为清初政坛上一言九鼎的人物。她有非凡的魅力和政治才干，却甘在幕后，辅佐儿孙。她的容貌倾国倾城，性格敢爱敢恨，兼具慈悲和智能。母爱给予了她强大的力量，演绎了中国旷古最完美女人的故事！

同样，在韩国家喻户晓，被称为“收视保障”“氧气美女”的演员李英爱，在自己事业的黄金期，选择回归田园，放下光鲜。她希望自己的孩子可以多接触大自然，在纯净的环境下长大。如今她已把日子过成了诗，她有很多身份：演员、明星、妻子、母亲。但相比于“最佳女演员”，“两个孩子的母亲”这个头衔，在她心中分量更重。贴近自然，快乐成长，这是她送给两个孩子的礼物，她给了孩子们用多少金钱都买不到的快乐童年。

在演艺圈里打拼了二十多年的她，归隐田园后似乎很适应这种生活，没有被名利所困扰。拿得起，也放得下，知足而常乐。不是每个人都敢于做出急流勇退的抉择，也不是每个人都能冷静处理人生得失，在正确的时候做出适合的选择，这是一种智慧。

其实，在我们的日常生活中，母爱无时不在，无处不在。丰盛的早餐是爱；漂亮的衣服是爱；日日的接送是爱；夜夜的陪伴是爱；甚至我们最烦的唠叨也是爱。母爱是一首在我们还没有出生时就已经唱响的歌，是一首用心血和生命谱写成的歌。

在我怀孕7个月时，由于腹部剧痛去求医，被诊断为阑尾炎，医生建议动手术。如果动手术宝宝会有生病危险，不动手术我会有生命危险。经过与医生多次沟通，我非常坚定自己的意愿，说什么都不动手术，无论如何都要保住宝宝的生命。我在医院住了整整半个月，每天输液消炎治疗，我的先生也日夜陪护整整半个月。最后做检查时，医生告诉我炎症已完全消掉，

这对当时的我来说无疑是天大的好消息，连医生都觉得不可思议，说这样的概率非常小。现在我的宝宝顺利平安地来到这个世界，而且非常的健康、聪明、美丽，一切的苦难都不算什么。

我儿时所有的梦想都在女儿身上实现了，她一样喜欢粉色，我为她打造粉色的公主床，粉色 Hello Kitty 的秋千滑梯，粉色的汽车、推车、婴儿车。她的水、食物、衣服，甚至每一件玩具，我都会亲自去挑选。PH 值最佳的母婴水，美国百年品牌进口果泥、肉泥，澳洲的奶粉……我想给孩子最健康的生活。女儿上幼儿园时我亲自带着她去考察学校，比较美国的、英国的、加拿大的、新加坡的、中国的学校，去了解每个学校的文化以及教育模式，孩子的成长是不可逆的，身为母亲的我想在自己能力范围之内给予她最好的学习环境。

都说母亲是天才教育家，我的生活习惯也影响着女儿。乖巧懂事的女儿在我工作完回到家后，会主动给我拿拖鞋、递水果，身体不舒服时女儿会关心我，喂我吃药。女儿四五岁的时候，我带她一起去逛街，她还会帮我选衣服、搭配衣服，她的眼光很棒。她像天使一样在家里唱歌、跳舞，让我觉得这样的人生充满了幸福感。

我虽是个“工作狂”，但也会抽时间陪伴女儿，因我不想错过她的成长。对很多孩子来说，母亲的陪伴是孩子终身安全感的来源，我每天都会抽出一个小时左右的时间与女儿单独相处。

马术在西方被称为第一贵族运动，这项运动在人与马的完美配合中传递出儒雅的绅士气派和高贵气质。骑马能唤起人内心深处潜藏的自信，增强人对复杂环境的应变能力，缓解孤独和压抑的情绪，愉悦身心，人们能够以此获得极强的成就感。所以工作不忙的时候我会带女儿去骑马，因为学习马术不仅可以让她运动，还可以让她与大自然和动物亲密接触、和谐相处。英国查尔斯王子像他的母亲伊丽莎白女王一样酷爱马术运动，被誉为世界上最优秀的马球高手。我希望这些好的爱好可以陪伴她，并影响她未来的人生。

母爱是世界上最伟大的力量，炽烈而真挚，朴素而笃深。作为母亲，首先是女人，女人的天性是柔软、接纳、温柔，母亲的女性力量会让孩子在今后的成长中充满“爱”的能量，并学习接纳自己，接纳他人，理解他人，爱他人。

爱所有人，爱和平世界

有多少人，就有多少爱。这种爱，叫“爱所有人”，即博爱。

世间肯定有这样一种人，除了爱亲人、友人和邻人，还发自天性，爱陌生的苦人、穷人、病人和罪人，同情可怜的被践踏者、被侮辱者、被损害者、被遗弃者，以极大的道德勇气救他们于危难、困厄之中，丝毫没有差别心。

世间果真有这样一个人，她就是特蕾莎修女，她以仁慈、悲悯、博爱著称于世。即使她不曾在1979年获得诺贝尔和平奖，即使众多的总统、国王、传媒巨子和银行大亨不曾频频向她致敬，即使她创办的“仁爱修会”不具有近万人的规模和数亿美元的资产，即使她的照片不曾上过美国《时代周刊》的封面，即使她不曾获得剑桥大学、新德里大学、宾夕法尼亚大学、华盛顿天主教大学等高等学府颁授的二十多个荣誉博士称号，即使她病逝后未被梵蒂冈教廷册封为“圣德兰修女”，她对于苦人、穷人、病人和罪人无远弗届而又无微不至的爱忱也绝不会受损一分一毫。

特蕾莎修女是一个1910年出生在科索沃的阿尔巴尼亚裔女孩，18岁进入爱尔兰罗雷托修会。1929年，她在印度北部的大吉岭开始了修女见习期。1931年，特蕾莎修女向上帝宣誓，成为正式的修女。1946年9月10日，特蕾莎修女在前往加尔各答火车站的途中，遇见了很多穷人，在漫长的火车旅途中，她在心底清楚地听见耶稣在喊“我口渴”。由此，她下定决心到穷人中去过贫穷的生活，没有财产，完全信任上帝的安排和引导。

她义无反顾地走出修道院，径直走向了紧邻的贫民，乃至一生都在为无家可归者、病人、垂死者、残疾人和社会边缘人服务。她最有力的武器就是祈祷，唯一的战略就是不断地给予。特蕾莎修女一直服务到 1997 年 9 月 5 日去世。在她去世后，留下了一个修会大家庭，包括 5 个宗教团和遍布世界的 592 座房子。而她和她的修女们没有任何财产，也从未收取一分钱报酬。

爱是神圣的，爱是博大的，爱是无私的，是不求回报的。

爱是自由的，它发自内心。万事总在变，唯有爱是不变的。

当我们赤裸裸地来到人世，从无知到长大成人，每时每刻都在享受着大自然、家庭和无数陌生人给予的一切，我们的世界被爱紧紧包围着。许许多多人在为我们的成长奉献、付出。

人生一路，处处关情。亲情、友情、爱情，无不让生命充满感动与绚丽。“慈母手中线，游子身上衣”是亲情的关爱；“海内存知己，天涯若比邻”是友情的牵挂；“何当共剪西窗烛，却话巴山夜雨时”是恋情的思念。每一个生命都走不出情感的射程，是那些情感，让人们找到了真正的价值所在。

我们身边处处有爱，父母的疼爱、老师的严爱、社会的关爱……既然这些人都如此关心和爱我们，那么我们也要学会怀着一颗感恩的心去对待他们，并用自己的爱在实际行动中去回报他们，这样才不会辜负这些爱我们的人。

人类最需要爱的时候，恰恰是饥寒、痛苦、孤独、绝望的

时候，我们除了爱家人、爱朋友、爱身边的人，也要试着将爱给予那些无助的陌生人，去关心所有需要帮助的人，做到爱所有人。

爱所有人首先需要有一颗热忱的心，以“爱”为基础，包括爱集体、爱祖国、爱人民、爱生命、爱社会、爱大自然，爱一切真善美的事物，然后才能去帮助所有需要关心的人。博爱，既是无私的，又是广大的。既能把这种爱给予亲人，给予朋友，也能把这爱给予不认识的人，甚至是在平时反目的敌人需要帮助的时候也能向他伸出援助之手。

人生在世，说长，悠悠数万日，遥遥无期；说短，匆匆几十秋，弹指一挥间。我们一定要让人生过得充实而有意义，让有限的人生发挥出无限的价值。因而要学会爱所有人，用一颗充满爱的心去关心身边所有的人和事物，把自己的整颗心，用于对生活的热爱和对世界的感恩。

在和平年代，我们身边的关爱无处不在，但也仍有生活在战火中的人们。自 2011 年叙利亚爆发内战至今，已有 10 万多名叙利亚的儿童饱受战争摧残。战争是魔鬼，带走了叙利亚孩子们最后的美好，我们呼唤世界和平，让世界充满爱。

爱所有人可以使地狱成为天堂，我们都渴望我们生存的环境更加美好，如果大家都用爱心去浇灌这个世界，那么，整个世界将是一个和平的世界。

像芭比娃娃一样生活

LIFE AS
BARBIE

Chapter 06
自由，最昂贵的财富

追求自由的人生最幸福

自由是一种力量，埋藏在深邃的大海之中，为人生的奋斗激荡起波涛汹涌；

自由是一个梦想，孕育在宽广的天空之中，为生命的真谛谱写出风云变幻；

自由是一份责任，蕴藏在我们每个人的心底，为自己的生活寻找方向与梦想。

追求自由，实现人生价值，“婚纱女王”王薇薇向我们诠释了自由的最高境界。

王薇薇出生于纽约一个家境殷实的华裔家庭，她的父母都是中国上海人，外祖父是旧中国的一位军阀。幼年，王薇薇曾经是一位花样滑冰选手。她参加了 1968 年的全美花样滑冰锦标赛，并获选运动画刊 1968 年 1 月 8 日“非一般的面孔”（Faces in the Crowd）系列。在落选美国奥运队资格之后，她进入了时装行业。

1990 年，王微微用家族赞助的 400 万美元资金，在曼哈顿

开设了第一间Vera Wang门市店。在她经营新娘礼服的创业历程中，她有这样一句哲理名言："对一个女人来说，一生中最重要的时刻就是举行婚礼，那是女人梦想的开始。我梦想成为一名杰出的艺术家，让婚纱成为一种艺术品。"她觉得时装是一种人生隐喻，背后有着人们的喜怒哀乐，具有鲜活的生命。而婚纱对一个女人来说，是从穿衣打扮这个最简单的层面，预演关乎未来婚姻生活的序曲。她将艺术的思维融入品牌，这就是Vera Wang品牌故事的主题：爱情应该被当作一种艺术，婚纱则是解说爱情的高贵的艺术品。

现代、简单、尊贵、端庄的风格，打破繁复奢华的传统，Vera这个名字逐渐在上流社会打开了知名度，并于1994年创立冠以自己名字的品牌。现在，Vera Wang的新娘礼服已经成为全球新娘礼服的代名词，并建立了一个庞大的时尚帝国。

说到感情生活，早在2012年，结束了23年婚姻的“婚纱女王”Vera Wang与27岁的花样滑冰冠军Evan Lysacek传出恋情，而这位63岁的华裔设计师比Evan年长整整36岁。一个女人，在63岁的时候离婚，然后和一个比自己小36岁的男人相恋了4年，这并不是爱情童话。

现如今她依旧是当初那个独立而自由的女人，她在回忆录中写道：“当我还在《VOGUE》做编辑时，母亲就问我：‘你为什么工作得那么辛苦，早点嫁人生子不是很好？’但我不苟同她的观点，我不是那种可以凑合着委屈着过一辈子的中国妇女，我喜欢工作，喜欢自由，喜欢担起责任。”

清楚自己想要的是什么，追求自由的人生，敢于做自己，努力向上，即便遇到挫折也坚决不放弃。这大概就是王薇薇除了设计更能打动女人们的地方吧。

《狼图腾》里的小狼，虽然它从小被人类养大，但它很向往自由，不想像家犬一样，过那种被人控制和约束的生活。尤其当它听到狼嚎的时候，它那种向往自由的感觉就越狂野，它要的是属于自己的生活方式。它想自由地驰骋在苍茫大地上，通过自己的努力和拼搏去获得食物和自己想要的生活。

而我，也在自由的道路上演绎着我的人生。我喜欢焰火的放肆和破裂，它让我焚烧一切可以禁锢自由的枷锁。我喜欢大漠中的沙棘，湖水中的莲蒂，蒲公英的飞絮。我非常清晰地感受到骨子里的不安分让我充满了对自由生活的向往。我的母亲是一位有着独立思想的女性，从小受到她潜移默化的影响，很小的我便有了很强的自由、独立意识。

曾经在我不会开车的日子里，去哪里都要人送，尽管这种接送的过程并没有太大地影响我，但我深知驾驶是一门技能，这个时代如果不会驾驶，生活中会有太多的不方便。最终我毅然选择去报考驾校，并用最短的时间拿到驾驶证。

当我在事业上赚取足够多的财富时，我送给自己的第一件礼物就是车。我的潜意识里认为当代社会的女孩子一定要拥有自己的座驾，这样才会有想去哪就去哪的自由。我曾驾车跨越几个省到腾格里的沙漠去看日落，去额济那旗看胡杨林的金秋落叶，去海边的沙滩上漫步……自由的女孩会掌握自己命运的方向盘，开往自己梦想的地方，绝不会坐在别人的副驾驶位上妥协自己的人生。

追求自由的生活更需要拥有财务的自由，我承认我喜欢赚钱的感觉，但财富只是结果，我更注重的是独立而又自由地运用我的商业思维去成为一名优秀的精英，成为一名经济独立、视野独立的现代女性。

老子曰："上善若水，水善利万物而不争。"正因为水平和淡定、至柔至刚，摒弃了一切的私心杂念，才可以如此自由地倾泻。

因而，我们要学会主宰自己的生活，高唱自由之歌。自由会给我们翅膀，给我们勇气，给我们动力。

自由奔跑，创造新的奇迹，让快乐永远伴随。

飞得越高，看得越远

有一首歌我很喜欢听：“海鸥飞在蓝蓝海上，不怕狂风巨浪，挥着翅膀看着前方，不会迷失方向，飞得越高看得越远，它在找寻理想，我愿像海鸥一样，那么勇敢坚强。”

有这么一幅图画在网络上流传甚广：三个孩子面对一堵墙。一个孩子只看到了墙上画着的阳光与花鸟；一个孩子脚下垫了些书本越过了墙头，看到了满目疮痍的世界；最后一个孩子不仅越过了墙头而且穿过了云端，他看到的美景壮丽秀美难以形容。

人往高处走，水往低处流，我们且不讨论如何攀上那高峰，单论我们是否有攀上高峰的决心，梦想、自由，在这一刻可能同时实现。我们不知道那峰顶的景色如何，但你不好奇吗？你希望未来的日子如现在所过的每天一模一样，没有任何不同吗？起码我不希望。我可能无法忍受每一天的日子不存在任何未知，否则我的一辈子也就止步于此。

那么，如何让自己飞得更高，看得更远呢？

首先，我们需要有一颗“飞翔的心”。

有多少人一生都不曾飞过，一生都小心翼翼、循规蹈矩，从不曾仰望过天空。局限在小小的空间里扑扇着翅膀，未曾想过要做一只高飞的雄鹰。究其原因，是我们没有一颗飞翔的心，而心的高度，决定了我们的成败。

无数事实证明，只有勇于放飞梦想的人，才会在人生的道路上披荆斩棘，不畏失败；只有勇于放飞梦想的人，才会有勇往直前的动力；只有勇于放飞梦想的人，才能闯出自己的一片天。

小眼睛、塌鼻梁、厚嘴唇、扁平脸、小雀斑……乍看之下的吕燕，真的与“美女”相隔十万八千里，但她却被摄影师捧作嘉人，被各大品牌商相中走T台，被媒体称为“中国第一位世界级超模”。对于吕燕的成功，大家都喜欢说成是“逆袭”，都喜欢把她的经历奉作励志典范，但其实她的成功归根结底源自她最初的坚持和担当，她敢于当自己的人生设计师，只要选定了路，便会拿好补给品，拼了命地往前冲。

当所有人都吐槽她丑时，她却成为世界顶级超模；当所有人都说她疯了，她却成功打造出自己的品牌，让诸多明星成为她的粉丝。在吕燕的人生开局中，拿

到的并非好牌，但是她却非常清楚地知道自己需要什么，她有一颗飞翔的心，并用实际行动去追求心中所想。

敢闯，才会有属于自己的新世界。

有了飞翔的决心，接下来要打造带我们飞行的“翅膀”。鸟儿之所以能够在天空自由飞翔，那是因为它有一双翅膀。我们想在自己所在的领域有一片天空可以让我们去自由地飞翔，也必须有一双美丽的“翅膀”，这个翅膀就是我们的梦想。拥有梦想，我们便可以像鸟儿一样，完美起飞。

诚然，要避免飞行途中因为翅膀不够结实，不能带我们抵达更辽阔的远方。所以最初打造它的时候，要让翅膀的架构足够结实，羽翼足够丰满。要做到这些，势必要花比常人更多的时间，付出更多的努力。

毕竟，我们不是天使，不能拿着一根魔棒，轻轻挥一下，就获得成功。当然，我们更不是丘比特，只要将箭射中目标，就能完成一个梦想。因此，努力和付出是获得成功最重要的因素。

巩俐与张艺谋有过长达 8 年的合作，是第一任“谋女郎”，也是率先走向国际化的中国演员。人们都习惯称她为“巩皇”，但有谁知道女王也曾是个为了梦想

百折不挠的灰姑娘。几次高考失利，曾一度让她沮丧。但是她不甘心，她心中有梦，从没停下为自己打造翅膀的脚步，凭借自己不懈的努力，她终于跨进中戏的大门，也踏出了梦想的第一步。

1987 年，巩俐被张艺谋导演选中，扮演影片《红高粱》的女主角九儿。为了能更好地诠释这个角色，巩俐到山东高密做起了农妇，学起了挑水。刚开始一桶水走几步就颠没了，肩膀

也磨掉了皮，巩俐咬牙、忍痛坚持着，最后，她可以像当地农妇一样颠着扁担挑水赶路。坐花轿也是个苦差事，闷热的天气里，巩俐要穿着严实的布衣服在花轿里待上几个小时，但是在她看来这一切都值得。

因为巩俐对角色的出色演绎，《红高粱》捧起了1988年柏林电影节金熊奖，这也是中国电影第一次获得国际大奖。而后巩俐又在第49届威尼斯国际电影节上获得最佳女演员奖，这是大陆女演员首次荣获国际大奖，巩俐从此踏上了国际巨星之路。

接受媒体采访时，巩俐说："影片的意境就是从汗水、泥水里造出来的。"

荣誉是努力和付出的等价物。许多人都觉得巩俐很幸运，她遇到了张艺谋。但是没有打动人心的表演，巩俐不可能在国际舞台上摘金夺银。

所以，只有翅膀足够硬，才能超越自己，超越别人，飞向更高、更浩大的天空。在那里，我们便可以创造属于自己的辉煌。

有了飞翔的决心和助我们飞翔的翅膀，我们应该暗下决心：为飞得更高而不懈奋斗。

每个人都想飞得更高，飞向更辽阔的天空，在飞翔的那一刻，之前的向往将不再是梦想，那片更辽阔的天空将会永远定格。梦想很丰满，现实却很骨感，并不是每一个人在实现梦想的路程中都可以一帆风顺，梦想的翅膀也有可能会折翼。

既然钟情彼岸花，又怎顾高处不胜寒；既然选择了远方，就只能风雨兼程。就像美好的生活是需要努力、需要付出的一样，安逸只能让我们失去更加美丽的天空。

若孔子没有登上泰山，就不会有“登东山而小鲁，登泰山而小天下”的感慨了。想要飞得更高就必须像孔子一样“登上泰山”，而这并不是一件轻而易举的事情，你需要百分之百的努力。只有站在了最高峰你才能俯视一切，这就要穷尽你所有的努力。杜甫的“会当凌绝顶，一览众山小”中，就真真切切地勾画出了他的伟大抱负和志向。曹孟德的《长歌行》中的“老骥伏枥，志在千里”不也正体现出这一道理吗？所以说，要想飞得更高，就要穷尽自己的伟大志向，将自己的抱负背起来并为之不懈奋斗。

芭比的故事永远那么励志，她的生活从来不会一成不变，她的身份也从来不只是演员或者公主。芭比去过月球，当过飞行员，未来的我们也一样可以。在变化无常的世界里，谁知道明天我们会出现在哪里！

飞翔是决心，是态度，是凤凰涅槃，是光荣与梦想的绽放。

有梦想的存在是多么的美好，飞翔在蓝天之上，高呼：我要飞得更高！

不要停下飞翔的翅膀，因为你想要的梦想就在那片更高的天空。

做一个爱笑的女人，像阳光一样温暖

如果说，有一种力量可以让人坚韧不拔，那就是微笑的力量；如果说，有一种力量可以让人自信满满，那也是微笑的力量；如果说，有一种力量可以让人心头一暖，那还是微笑的力量。

爱笑是一种生活态度，一种涵养，一种生活价值观的体现。

爱笑的女人，运气不会太差。这并不代表，爱笑的女人命运就会眷顾她，她就会没有坎坷和磨难。而是从另一个角度说，爱笑的女人，因为笑让内心充满了阳光，一丝丝温暖的阳光照亮了她生命的快乐旅程。

50 岁对女人来说是什么样的年龄？追求舒适，不修边幅？早已放弃对美的追求？还是已经当上了奶奶，跳起了广场舞？

50 岁的刘嘉玲却不是这样，荧幕上的她依旧保持着完美的身材，“冻龄”的脸蛋，爱笑的她生活中更是有着少女的一面。谁又能想到她曾经历了很多艰难和挫折，但她内心充满了阳光，任何困难都未将她打倒。她靠自己的智慧，从一个没有背景、没有靠山的女演员，一步步打造出了自己的商业帝国。一路的辛酸与不易，一路的诱惑与压力可想而知，但是这些从来没有把她打垮，反而让刘嘉玲更有奋进的动力，最终凭着自己的努力，活成了人人羡慕的模样。

刘嘉玲曾说过：“这个世界非常的美好，这个时代非常的美好，也值得我们去奋斗，去追逐更美好的自己。女人的美丽，我觉得从来都是宽容、慈悲、内心强大，和对自身认识、进化、提升的过程，我很庆幸我生活在一个可以独立、自立，可以通

过自身努力，就可以掌控自己人生的时代。同时，我也感恩生活，给了我自己追逐美好的勇气。我很爱生活，爱生活的本身，也希望每个女孩子热爱生活，热爱这个世界，活出你自己的完美人生。”

我们的一生，受约束的是每个人的生命个体，而不受束缚的是心态。我们需要做的就是清除心中的障碍，真诚坦然地微笑着去面对一切。作为女人，我们要像刘嘉玲所说的一样，热爱生活，宽容慈悲地去追逐更美好的自己。在人生中活出自己生命的厚度，活出自己生命的质感。无论面对什么困难，都要时刻保持一种乐观向上的积极心态。

微笑是一种国际语言，无须翻译，就能打动人的心弦。

微笑是一种艺术，跨越国界，具有穿透和征服一切的魅力。

嘴角上扬，可以拉近人和人之间的距离，会让自己变得美丽，也会让别人更愿意和你接近。要用眼睛去微笑，用心去感受生活中那些微小的幸福。任何情况下，要始终保持微笑，始终坚信上帝是偏爱有笑容的孩子的。

泰国商人施利华，是商界中拥有亿万资产的风云人物。1997 年的一次金融危机使他破产了，面对失败，他只说了一句：“好哇！又可以从头再来了！”

美国“钢铁大王”安德鲁·卡内基曾有过这样的一次经历：在一次盛大的宴会上，一位平时对他很有意见的商人，在别人面前高谈阔论，说了卡内基的许多坏话，他并不知道卡内基也出席了这场宴会。当时卡内基正站在人丛中听他高谈阔论，这使得宴会的主人十分尴尬，不知如何是好。而卡内基却安详地站着，脸上挂着微笑，就好像什么也没听到的样子。当那位说他坏话的商人发现卡内基就在旁边时，感到十分难堪，正想从人丛中溜走，卡内基脸上带着笑容，走上前去亲热地跟他握手，好像碰到了自己的老朋友。就这样,那个商人后来成了卡内基的好朋友。

这些人都是用行动和语言在诠释微笑带来的力量，以及从微笑之中衍生出来的生活态度。正如一笑而过的坦然轻松与云淡风轻，一笑而过是一种人生的优雅，人生应学会不抱怨、不等待、不盲从，微笑面对随时会出现的阴霾与意外。

人的磁场是看不见的，但这种力量是巨大的，就像万有引力一样，我们每个人身上的这种磁场无时无刻不在影响我们的人生。

这个世界上有一部分人经常情绪很不好，他们所产生的磁场是消极的、负面的，而这种磁场也会无形地影响着周围的一切。比方说，要是有个人站在你旁边一直在生气、抱怨，那么自然而然的，你就会感觉到不舒服，很想赶快离开。

这个世界上还有很多人是开心的，他们乐观向上，内心充满欢喜、充满爱。这种开心的磁场也会感染身边的人，他们也能吸引很多同样积极乐观的朋友。

一部分人消极负面，一部分人乐观向上，于是这两种磁场形成了一种平衡。在势力均衡的情况下，如果你是开心的，整个磁场便会发生倾斜，磁场也就转向开心这边。虽然只是个人的开心，但是你的开心增强了欢乐磁场的能量，让整个世界从负面走向光明。也就是说，你个人的开心不仅利益了自己，也利益了他人。

有这么一句话：“一切的和谐与平衡，健康与健美，成功与幸福，都是由乐观与希望的向上心理产生和造成的。”所以，我们可以这么警醒自己，只要能每天都开开心心的，做一个爱笑的人，我们便能感染周围的人，让更多的人偏向正向的磁场，于是整个世界便会充满正能量。

“微笑是人类最美的表情”。的确，当你的嘴角轻轻上扬 45 度，眼里充满善意的光辉时，有谁能找出比这更美的表情呢？

做个爱笑的女人，像阳光般温暖。

明天的太阳依旧会升起，迎接我们的又是美好的一天。

认识自己，欣赏世界

在古希腊一座智慧神庙的大门上，写着这样一句箴言："认识你自己"，古希腊人还把这句话奉为"神谕"，认为它是最高智慧的象征。人活在世上一定不能失去自我，一定要认识自我，接纳自我，肯定自我。可见，认识自己对人的一生有着至关重要的作用。

苏格拉底是古希腊著名的思想家、哲学家、教育家，他被世人誉为西方哲学的奠基者。他虽容貌平凡，身材矮小，体态臃肿，相貌毫无奇伟之处，但他从来不因为自己的相貌和身材而感到自卑，相反，他因为足够了解自己，知道自己的人生价值，用他的智慧向世人传达了神圣的哲学思想。

"什么是哲学？"经常有人这样问苏格拉底，他回答：哲学就是"认识你自己"！

苏格拉底常常教育自己的学生们："认识自己，方能认识人生。"他向学生们传达了人生重要的使命就是认识自己。围绕人的精神修养，他提出了一系列的哲学命题，比如什么是荣誉、正义、财富、勇敢等。在他看来，人必须具有知识，才能达到“善”。他把道德和知识合二为一，认为道德行为必须以知识为基础，最高的知识就是对“善”这个概念的认知。他主张首先在心灵中寻找这些内在原则，然后再依照这些原则规定外部世界。人只有认识了自己才不会盲目，才可能求助于灵魂内的原则，从而去发现事物的真理。

只有认识自己，你才能找到努力的方向。

只有认识自己，你才能懂得感恩生活的一切。

只有认识自己，你才能用善意的眼光欣赏这个世界的美好。

世界给予我们的一切永远都是需要我们去感激的，无论是磨难、痛苦还是成功。这些都是我们与世界建立联系与和谐的通道。这个世界很精彩，同时也很复杂，要想真正地去了解和欣赏这个世界，就必须先从认识自己、了解自己开始。

马克·吐温年轻时做过多种工作，搬运工、销售员，甚至随大流下海经商，但最后都以无望的前景告终，还因经商无能而欠下一大笔债。在短暂的懊恼之后，马克·吐温开始审视自己，企图寻找自己的长处，他发现自己在写作和演说方面有极大的天赋，于是他开始尝试演讲和写作，最终以文学家和演说家的身份实现了自己的价值，获得了成功，被誉为“美国文学中的林肯”，并运用自己的文学理念及智慧指导了一代又一代的年轻人。

只有当你有了正确地自我认知和评价，并且有一定的思想高度时，你才会站在一个正确的立场上去伸张正义，去审视，去指导他人，去欣赏世界，从而建立自己与他人和世界的和谐关系。

国学大师王国维曾精辟地概述了人生的三种境界。第一境界——“昨夜西风凋碧树。独上高楼，望尽天涯路。”通向成功的路途是遥远的，追寻梦想的道路是孤独的，失落和伤感常伴随左右。第二境界——“衣带渐宽终不悔，为伊消得人憔悴。”衣衫褴褛，却依然前行，敢于为了追寻心中美好的事物去奋斗，去拼搏。第三境界——“众里寻他千百度，蓦然回首，那人却在灯火阑珊处。”经过长期的努力奋斗后，却还是一无所获，正值困惑难以解脱之际，突然获得了成功，用汗水赢来了掌声，用成功浇灌了鲜花，这也算是厚积薄发，功到自然成。第三境界是人生的最高境界，有幸达到的人将会顿悟人生，并能清晰地认知自我。

有智慧的人一定是有思想的人，每个人的人生之路都从起初的迷惘，而后的执着到最终的顿悟。许多时候人生就是这样，无论理想、事业、爱情或别的奋斗目标，从起初的迷惘，到坚定目标后的执着，再到最终的豁然开朗，奋斗目标得以实现。这个过程不仅仅是追梦的过程，实际上也是认识自己、了解自己，最终提升自己的过程。

欣赏世界的美好，也是一种收获。

我读过海伦·凯勒的故事。她是不幸的，在只有19个月大时，就失去了视力与听力，开始活在黑暗与沉寂中。从此她的性格变得古怪、粗暴、无礼。直到她6岁时，莎莉文老师来到了她的世界。她教会小海伦认字，为小海伦打开了心灵的眼睛，帮她认识世界的美好。在莎莉文老师的帮助下海伦学会了说话。在不公的现实中，海伦并没有放弃，而是不断地努力，终于她成为一位学识渊博、精通五种语言的著名作家和教育家。

海伦·凯勒曾说过一句话："有时，我常这样想，我们应该把活着的每一天看作生命的最后一天。"人的一生也不过匆匆几十年，如果光明只剩下三天，你会做些什么？只有到了最后的关头，我们才会懂得珍惜，懂得感受世界的美好，才会发现光明的宝贵，发现时间的美丽。我们应该珍惜这光明，去感受万事万物的美好：去聆听小鸟悠扬曲转的歌声、雨点落地的声音、风拂过水面的声音，感受声音的美妙；欣赏花开花落、日出日落、风拂过水面的波纹，欣赏大自然宁静的美好。

海伦教会我应该把每一天都当作最后一天来珍惜，做自己想做、自己该做的事，去感受世界的美好。打开世界的同时，也是打开你心的开始。

生活中注定会有许多风雨，认识自己，是一种态度，一种希望，一种热爱，一种欣赏。一路上的经过，每个人都会在坎坷中磨砺人生。认识自己后，我们眼中的天空一定是湛蓝的，朵朵白云在空中飘荡，大地上花朵簇拥。春夏秋冬，四季都有不同的美，这个世界就是充满温馨和爱意的诗篇。

这个世界的美好很多，虽然很多貌似和我们无关。但我们每一段的生命中都会有特别偏爱的东西，只要你学会欣赏它们，它们就会与你结缘，最终走近你，属于你。

当我们去欣赏一朵花时，我们会沉浸在芬芳的花香中；当我们去欣赏一片海时，我们会陶醉在无边无际的辽阔中。

学会欣赏，是一种睿智，是一种境界，是一种情趣。

欣赏世界，感恩自然，感恩我们所拥有的一切——无论是成功道路上的磨难，与亲人告别的泪水，抑或是成功的喜悦。无论处于何种境地，我们都要相信世界到处都有美好的存在。要用一种欣赏的眼光去看待世界，用善良之心去品味万物的美好。

宽容大气度，方能载万物

曾经在书上看到安德鲁·马修斯说了这样一句能够启人心智的话："一个脚跟踩扁了紫罗兰，而它却把香味留在那脚跟上，这就是宽容。"

宽容大气，是一种品质，是一种修养，更是一种美德；宽容大气，是一种仁爱的光芒，是释怀别人，也是善待自己；宽容大气，是一种非凡的气度，是一个人思想达到了一定高度后的睿智。

李斯在《谏逐客书》里写道："是以泰山不让土壤，故能成其大；河海不择细流，故能就其深；王者不却众庶，故能明其德。"李斯很好地诠释了宽容大气的重要性。

宽容大气的人，无论在什么情境下，都能与世间万物和平共处，拥有一颗乐观向上的心。大气做人，收获的便是真挚的感情；大气谋事，拥有的便是美好的人生。大气对人，人必敬爱；大气对事，事必圆成。对于他人的小过失、小过错，我们不要过于计较，怀抱一颗仁慈之心而宽容忍让，敌人也可能变成朋友。

心胸狭窄的人，遇到小的挫折与不满就喋喋不休，抱怨这抱怨那，纵有天大的本事也难有建树。人无完人，每个人或多或少都会犯一些错误，性格迥异的人之间也很容易起摩擦，与其为了一点点小事争得面红耳赤，既让自己伤心，又让他人看来毫无风度可言，还不如用一颗宽容的心去与人相处，化干戈为玉帛，大事化小，小事化了。

雨果说过："世界上最大的是海洋，比海洋更大的是天空，比天空更广阔的是人的胸怀。"可见，宽容大气是一种博大的胸怀，是一种崇高的品德。至高境界的宽容，不仅仅表现在日常生活中对某件事的处理上，而且可以升华为一种待人处事的人生态度。

中国是一个讲究涵养和宽容的国度，人们认为克制和大度能够化解是非，让自己心境平和。以常人之心去面对周围发生的不正常的事，这些事中可能有别人的错误、失误，甚至有意的伤害。如果采取不宽容的方式，其结果可能就是争端。

有一次在做一个项目时，我多年合作的好朋友，为了利益不顾多年的友谊，与我反目成仇。曾经那么要好，如今却遭到这样的背叛，我很是不解。就在我为失去美好而忧伤的时候，加措活佛给我讲了一个故事：有一次，美国前总统罗斯福家里被盗，一位朋友安慰他不要不开心。罗斯福却说："我现在很好，第一，贼偷去的只是东西，而没有伤害我的生命。第二，贼只偷去我的部分东西，而不是全部；第三，最值得庆幸的是，做贼的是他，而不是我。”

这个简单的故事让我若有所悟，我最终没有选择还击。在我的故事里，我很庆幸朋友的背叛没有让我一无所有，我也很庆幸我没有与这位一直以来并没有把我当作朋友的人继续共事，然而最让我觉得欣慰的是，我和罗斯福这样的伟人一样，我们都在忠于自己，宽于别人。

爱心、善心和利他之心，这些都是做到宽容大气待人处世的必备品质。原谅那曾伤害过我们的人，这不是一件容易的事，但是如果我们这样做了，就会从中体验到宽容的快乐。生活的天地如此广阔，我们没有必要在彼此摩擦中浪费时间，浪费生命。

春秋时的齐桓公，以宽容之心对待曾经企图暗杀自己的管仲，不但不惩治他，反而任他为相。齐桓公的宽容，让管仲为齐国鞠躬尽瘁的同时，也让自己获得了天下人的尊敬，更让齐国富强昌盛，成为“春秋五霸”之一。

宽容大气，也是建立优秀团队的根本。在企业家马云看来：“唐僧师徒四人是中国最完美的团队。”唐僧这样的领导，对自己的目标非常执着；孙悟空虽然很自以为是，但是很勤奋，能力强；猪八戒虽然懒一点，但是拥有积极乐观的态度；沙僧，从来都不谈理想，脚踏实地地上班。因此，这四个人组合在一起形成了中国最完美的团队。

单从文学的角度看，《西游记》是我国古代浪漫主义文学作品中的巅峰之作，但如果从人生哲理的角度来看，你会发现这是关于一个团队为了一个宏伟的目标，互相宽容、忍让，携手克服种种艰难险阻，最终赢得胜利的故事。

四个信仰各异，性格截然不同，行为方式各不一样的人物，加上一匹白龙马，为了前往西方取得真经而走到一起，组成一个团队。从东土大唐出发，历经种种磨难，风雨兼程，一路荆棘丛生，期间不免会爆发不少矛盾与危机。

“三打白骨精”的故事大家耳熟能详，白骨夫人先后变为月貌花容的女子、年满八旬的老妇人和白发老公公，来诱骗唐僧，但是都被聪明的悟空识破。唐僧不识妖精，对孙悟空杀害了三个人的做法非常反对，于是反复念紧箍咒，惩罚孙悟空。最后唐僧与孙悟空之间相互的包容、宽容、忍让，化解了这次危机。唐僧对猪八戒的贪睡和懒散也时常抱以宽容之心，正是这种宽容才让这个团队和谐共处，如果没有宽容，他们能熬过九九八十一难最终取得真经吗？

企业家的胸襟决定了企业家能够走多远，管理的实质就是修己和安人。抱以一颗宽容大气的心去经营事业，让我收获了许多至诚的合作伙伴，还收获了一批忠诚于公司的员工。

在我的工作生涯中，当我与客户交流时，我会站在较高的心理角度，以宽容大气之心去解答客户的一切疑问与顾虑，使彼此都能在一个宽松舒畅、自由快乐的状态中融洽相处，乐意合作，共同奋斗，从而实现双赢；当我与对手谈判时，我也会怀着一颗宽容之心，去抚平对手内心的冲动，并发掘对手身上可以为我们所用之处，这或许能助力我的事业更上一层楼。

宽容是一种资源，我们在宽容别人的同时，也在为自己营造良好的生存空间和有利的发展氛围，使敌对、消极、紧张的心理转化为友善、积极、和谐的心理，使我们的天地更加广阔，

道路更加平坦，前景更加美好。

常言道：读大家之书，做大气之人。大气为人，君子风度，拥有的是美好心境；大气做人，收获的是真诚的情谊；大气谋事，拥有的是完美的人生。

人在江湖，身可由己。我们要守住心中的“善”这一道德底线去为人处世，心存善意，宽厚待人，不去在意“一城一池”的得失，修炼自己做人的风度，做个胸怀宽广的人。

赢得自己的芭比人生

芭比从诞生的那一刻起，她就注定是个不平凡的女人。芭比早已经不是一个玩偶，而是女人时尚的图腾。她拥有一个女人梦想拥有的全部：美丽的外表，曼妙的身材，优雅的气质，帅气的男友，成功的事业。上帝，偏爱芭比这样的女人。

芭比是许多“80后”“90后”女孩儿时的好闺蜜，不仅外貌美丽、穿着优雅、事业成功，过着“白富美”的生活，而且还有一位英俊的王子Ken。她是全世界少女的心爱之物，她也指引着每个女人心中的甜蜜公主梦。

时光一年又一年地过去，自露丝·汉德勒第一次将芭比设计并展现在大众的面前起，芭比娃娃经历了57个春秋。芭比从一开始就以一种特有的象征实现了大部分女生心中的美好幻想，其500次的修正与改良的经历，更像是一部完美女性的蜕变史，若谈及成功，芭比一定是玩具界女性的成功楷模。

2014年，全球知名的芭比娃娃携手范冰冰来到中国，在上海首度推出“范冰冰”珍藏版芭比娃娃。自芭比推出特别款娃

娃以来，范冰冰是首位入驻芭比全球名人堂的中国明星。在发布会当天，范冰冰与芭比娃娃首席设计师罗伯特·贝斯特先生共同揭开了珍藏版芭比娃娃的“庐山真面目”。

范冰冰的兴奋之情溢于言表：“当我看到这个娃娃时，我的第一印象是——‘哇，太漂亮了！’很多女孩都梦想成为芭比娃娃，我也不例外，这是我最美妙的经历之一。我非常荣幸能有这个机会与那么多我尊重的名人一起加入芭比家族。”

除了范冰冰之外，还有不少明星版芭比娃娃。奥黛丽·赫本，她苗条的体形、完美的身姿、优雅的动作以及贵族的仪容使观众深深着迷；费雯·丽，她被当时的英国首相丘吉尔称为“上天的杰作”；玛丽莲·梦露，她的容貌、身姿、举止，一直被模仿，她是倾倒众生的绝代尤物，也是许多人最想拥有的收藏。这些明星版芭比娃娃的“诞生”使芭比爱好者为之着迷。

芭比是一种文化符号，更是一种时代的记忆。自 1959 年在纽约玩具展览会上诞生以来，芭比风靡世界数十年而不衰，她超越了一个玩具的存在，从一开始在它的身上就被赋予了梦想的理念，她带着有公主梦的少女们去扮演各种角色，她能让人们充分发挥自身的想象力，带领每一个有梦的人去勇敢追寻自己的梦想。

美，是女人一生的事业。精致的妆容，得体的衣着。学会穿衣、打扮，把自己活成一朵花。

杨澜曾说过:“每一个女人都有美丽的瞬间，无论什么年龄，从事什么职业，有着什么才艺、个性，都有独一无二的美，都能展现最光彩的一面，都应有一个发现自己、接受自己和绽放美丽的过程。”

全世界衣柜里衣服最多的女生不是哪个贵族的千金或是王室的皇后，而是芭比的衣橱。几乎所有著名设计师都曾为芭比量身定做过衣服，每一件都非常精致时尚，而且都能深刻地体现出该设计师和品牌的特色。

芭比不仅是美的代言人，也是时尚的代言人。芭比娃娃有91种不同的职业，她身上的鞋子、包包、帽子、眼镜，等等，每一件饰品都十分精致，不管自己是哪种职业，芭比总是穿着得体而且时髦。

灰姑娘穿上水晶鞋变成了公主，小时候我就在想，如果她穿的不是水晶鞋，而是一双普普通通的鞋，那她还能变成公主吗？这样一个简单的道理折射出一个真理：有品质才有好气质。就衣服来说，做工拙劣的衣服，即使款式再新潮，上身的效果也很难跟气质沾边。我们要学会打造自己的衣橱，衣服不在于多少，在于品质，做工是一定不可忽视的。

女人的美丽是经营出来的，它不仅带着先天的润泽之光，更多的是包含了后天的优雅情怀。优雅凝聚着一个女人对人生的热爱，彰显着她对世界的认知和感悟。美丽除了外在的惊艳，

内在的气质也是不可或缺的。

多读书，培养内在的气质；学会理财，掌握属于自己的财富大权；多结交一些对自己有帮助的朋友，打造属于自己的高质量人脉圈；有爱心，懂得宽容，多帮助身边需要帮助的人；不断地学习，不断地进步，不断地提升自己……

芭比娃娃在它所经历的岁月里一直都在不同的角色之间转换，尽管没有一个固定的角色可以来定格我对于芭比的记忆，但是她的独立、她的优雅、她的智慧、她的完美人生，在我的成长道路上给了我很大的动力。在事业上成为一位雷厉风行的完美女性，在生活上成为一位成熟知性的优雅女性，这是我一直孜孜不倦追寻的目标，值得庆幸的是我一直在践行我的目标，并为之奋斗着。

现如今，我可以勇敢地去追梦，一个目标实现了，我会再给自己制定一个更高的目标，并为之努力奋斗；我实现了经济独立、思想独立、人格独立，我的经验足以让我很坦然、很独立地去面对一切已知的，抑或是未知的事物；我会把慈善当作我一生的事业，持续关注那些需要帮助的孩子们；我可以带领我的团队一起为更美好的未来而拼搏……

不断地努力，不断地追寻，我赢得了自己的芭比人生。

也许现在很多女性还未开垦出一片属于自己的原始森林，但依旧保持那份动力和热情，无畏地前行，带着专属的梦想和荣耀，不断成就更完美的自己。人生的舞台需要自己来演绎，是一部喜剧还是一部闹剧，更加取决于你对于梦想追逐的脚步，是铿锵有力的前行还是一步两步的随性。我们独一无二的人生，终会因为我们的坚持而不同，头戴王冠，肩披绶带，像无畏的战士，像优雅的女王，光荣地赢得属于我们的芭比人生。

芭比娃娃不靠任何人，她有一个帅气的男朋友，有自己的车、漂亮的房子、梦幻的衣橱，最重要的是，她有自己的事业，这也等于告诉全世界的女性，女人在现实世界里，也可以像芭比娃娃一样活得那么潇洒、优雅、自信、独立、迷人。

像芭比娃娃一样生活，是女人该有的状态。

意志是主宰，胆量与勇气是辅佐，恒心与毅力是利剑，芭比人生凭此而赢得。

不管有没有白马王子，我们都要立志美丽，做自己的公主。

如果你能做到这些，你就是现实生活中的下一个芭比。